你自以为的极限，只是别人的起点

汪东清 —— 著

中国纺织出版社有限公司

内 容 提 要

现今社会，不断学习，获得新的知识是每个人都需认真对待的事情，置身于这个信息高速发展的时代，你会深切地体会到“逆水行舟，不进则退”的道理。不断充实自己，努力做到更好，才是竞争中处于优势地位的长久之道。

本书从突破的角度出发，向每一个渴望进步的人讲述进取的重要性，它告诫我们，在瞬息万变的现代社会，我们一定要继续努力，再接再厉，朝着人生最美好的目标前进。最终，我们将会成就自己与众不同的人生。

图书在版编目（CIP）数据

你自以为的极限，只是别人的起点 / 汪东清著.--北京：中国纺织出版社有限公司，2020.5

ISBN 978-7-5180-7097-8

Ⅰ.①你… Ⅱ.①汪… Ⅲ.①成功心理—通俗读物 Ⅳ.①B848.4-49

中国版本图书馆CIP数据核字（2020）第002597号

责任编辑：李 杨　　责任校对：高 涵　　责任印制：储志伟

中国纺织出版社有限公司出版发行

地址：北京市朝阳区百子湾东里A407号楼　邮政编码：100124

销售电话：010-67004422　传真：010-87155801

http：//www.c-textilep.com

中国纺织出版社天猫旗舰店

官方微博http：//weibo.com/2119887771

三河市延风印装有限公司印刷　　各地新华书店经销

2020年5月第1版第1次印刷

开本：880×1230　1/32　印张：6.5

字数：116千字　定价：39.80元

前言

生活中的朋友们，你是否有这样的经历：毕业几年后的一天，你参加同学聚会，你发现，几年前那个一无所有的同学好像一夜暴富，同学会上相当财大气粗；曾经那个看上去唯唯诺诺、胆小如鼠的同学好像也功成名就，而那个曾经被你嘲笑拥有可笑理想的同学也如愿以偿……此时，你是否感到有些落寞，甚至感叹，为什么大家变化这么大？

其实，并不是大家变化大，而是你甘于朝九晚五的生活、甘于平淡、不思进取罢了，短短几年时间，就落后于人。

在每个人的心中，都有梦想，但如果不趁着年轻拼搏，你就只能甘于平庸。不得不说，我们所生活的世界，日新月异，瞬息万变，或者现在的你在他人看来小有成就，但随着时间的流逝，当大家都在进取的同时，你却停滞不前，你就落后了。如果你意识到这种落后的存在却又不愿意奋起直追，那么就只能过这种平淡乏味的生活。

所以，当我们羡慕那些能力、学识都在我们之下的人取得成功，千万不要认为他们只是运气好。所有能够得到好运气的人，一定有着过人之处，或者有着坚强的毅力，或者有着顽强的意志。总而言之，他们尽管平凡，却绝不平庸。在日常生活中，我们也要努力把简单的事情做到极致，唯有如此好运才会不期而至，光顾我们的人生。

那么，生活中的人们，现在就努力吧，在最好的年纪，做出最大的努力，在这个世界上只有努力不会辜负你的期望，它能让平凡的人和天才站在同一起跑线上奔跑，甚至超越天才，率先到达成功的终点。

如果你现在在一个平庸的职位上可以得到不错的待遇，并就此缺乏向更高职位努力的动力，那我们表示非常遗憾，因为你的进取心开始消磨了。其实，你有能力做得更好，甚至有能力自己创业，过上财务自由的生活。

的确，进取心是人类智慧的源泉，它是威力强大的引擎，是决定我们成就的标杆，是生命的活力之源。美国迪斯尼乐园的创始人沃尔特·迪斯尼说：做人如果不继续成长，就会开始走向死亡。齐白石到93岁才画了600幅画，歌德到80岁的时候才写出世界名著。的确，进取是没有止境的，任何人都不能满足于现状，而需要不断地开拓新的领域。

诚然，生活在纷繁复杂的社会，世外桃源般的生活是许多人心中的一个梦想。但这种出世的态度在现今激烈的竞争中只能是一种空想。在财力平平、还处于打拼阶段时，把自己的心思从悠然与安逸中解放出来，积极地面对工作的竞争和生活的压力，让自己努力做得更好，才是生活的意义和生存的价值。

那么，现在你是否需要一个具体的导师来指导你的行动，让你找到努力的方向？本书就是这样一剂强心剂，它通过阐述大量令人鼓舞的励志故事，告诫生活中的人们，进取心对于一个人的重要性，并且告诉人们拼搏才是获得成功的不二法门，唯有积极努力、勤奋上进，我们才不会辜负生命的意义，才能不断攀登巅峰，成就人生。

作者

2019年11月

目录

第1章

人的潜力是无限的，不要给自己的人生设限

我们都知道，我们所生活的时代是充满竞争的时代，任何一个人，如果不积极进取，都将被社会淘汰，成为落后者。然而，一些人总是在为自己找这样那样的借口，认为自己“做不到”，这是在自我设限，其实，人的潜力是无限的，我们每个人都应当尽可能地挖掘自身的潜能，激发自己的雄心壮志，通过持之以恒的努力拥有一个比较卓越的人生。

你知道吗，生命有无限种可能

我们生活中的大部分人，都过着朝九晚五的生活，按部就班，如果你问他有没有梦想，他认为自己有，并且幻想自己成功的无数可能。然而，当你问他们为什么没有奋力一搏时，他们开始抱怨自己生不逢时，没有高学历，没有资本，没有贵人相助……殊不知，正是因为这些自我设限的借口，让他们的人生成了一件板上钉钉的事，当他们看到别人获得成就时，又艳羡不已，而其实，我们任何人的生命都有无限种可能，前提是你要敢于突破、勇于进取。

想法决定活法，即便你起点低，但人生总是充满无限的可能，而且，几乎所有的成功人士，刚开始所从事的工作都是卑微的，甚至是烦琐的、无聊的，但他们却不忘积聚自己的实力，在长久的努力中，他们厚积薄发，实现梦想。

在哈佛大学，伊丽莎白这个名字已经是学生们耳熟能详的，因为她是哈佛最为特殊的学生之一——她82岁从哈佛大学毕业。

其实，她之所以为哈佛人敬重，不只是因为她是一个高龄的学生，而是她有一颗勇敢的心。

又是一年毕业典礼，这一天，伊丽莎白和其他毕业生一样身穿学士服、头戴黑色学士帽，她从校长手中接过自己的学士毕业证书。另外，她还领取了一项表彰其学术成就和品德的奖项。在这一刻，伊丽莎白是激动的。她的勇气终于有了收获。

事实上，伊丽莎白能拿到哈佛大学的毕业证书，也是一个相当艰难的过程。

1941年，伊丽莎白高中毕业，然后顺利结婚，并且很快生了四个孩子。随后，她有幸成为哈佛大学健康服务部的员工，在哈佛大学工作，她被学校这种浓厚的学习氛围所感染，慢慢地，她开始穿梭于各个课堂之间，旁听各种课程。

就这样过了很多年，伊丽莎白并没有正式注册成为哈佛的学生，因为她认为自己根本没有能力完成这么多课程。然而，就在9年前，她的同事和同学都鼓励她，这让她产生了争取学位的念头。

那时的伊丽莎白已经73岁，大部分人在这个年纪已经退休回家养老，而伊丽莎白却并不这么想，她有自己的梦想，所以她告诉自己，一定要鼓足勇气。于是，她走进哈佛的课堂，为此，她还给自己制订10年的目标，也就是要在83岁之前从哈佛毕业。

如今满脸皱纹的伊丽莎白在哈佛工作了25年，学习了20年，攻读了9年学位，最终赶在自己的孙女之前获得本科学历。

在哈佛，伊丽莎白可谓是独特的一位学生。许多教授都以伊丽莎白的事迹作为案例，鼓舞学生：树立信心、果敢尝试，走属于自己的路。

的确，生活中，有太多的人，他们把一生浪费在只有一种可能的循环往复中，他们白白浪费了宝贵的生命。多少人，他们曾是英姿飒爽的少年，但如今却已步履蹒跚。如果你不想重蹈他们的覆辙，你就要告诉自己，选择去尝试，勇敢一点，才不会让自己后悔。

那么，我们如何激发出人生的无限种可能呢？

1.告诉自己，只要敢想，没什么不可能

你对“不可能”不妨采取一种新看法，在心理上超越它，这样你就能站在高高的位置，低头俯视你的问题。任何人想要解决问题，必须在他的思想中超越问题。这样，问题就不会显得如此令人畏惧。而且他会产生更大的信心，深信自己有能力去解决它。

2.勤于学习，丰富知识，开阔视野

在我们的日常生活和工作中，常常用视野比喻人的眼界开阔程度、眼光敏锐程度、观察与思考的深刻程度等。可以说，视野是不是开阔，是衡量人的综合素质的重要标尺。而视野开阔与否，取决于对知识掌握多少，取决于思想理论水平的高低。常言道，学然后知不足。勤于学习的人，越学越能发现自己的不足，于是想方设法充实自己、提高自己，学到更多的东西，视野会随之越来越开阔，跟上前进的步伐。

3.脚踏实地，做好手头事，在平凡中实现自我蜕变

无论你现在从事什么工作，你的职位如何，那种大事干不了、小事又不愿干的心理都是不行的。要知道，没有人可以一步登天，当你认真对待每一件小事，你会发现自己的人生之路越来越广，成功的机遇也会接踵而来。

你对人生的态度决定了你的高度

我们都知道，我们的行为都是受思想指导的，因此，那些总是能在激烈的竞争大潮中独占鳌头、永争第一的人，也都有着超前的人生态度：思路开阔、永不止步。一个人的人生态度往往决定了他会向哪个方向走，以及能走多远。如果得过且过，认为“做不到”“不可能”，缺乏进取心话，那么，他的人生只能庸庸碌碌。

态度影响行动，行动影响结果，这是一连串的因果效应。想成功，自然也要有敢于突破的信念，即使失败了又如何，大不了重新来过。

埃及人想知道金字塔的高度，但由于金字塔又高又陡，测

量因难，为此他们向古希腊著名哲学家泰勒斯求救，泰勒斯愉快地答应了。只见他让助手垂直立下一根标杆，不断地测量标杆影子的长度。开始时，影子很长，随着太阳渐渐升高，影子的长度越缩越短，终于与标杆的长度相等。泰勒斯急忙让助手测出金字塔影子的长度，然后告诉在场的人：这就是金字塔的高度。

那么，生活着的人们，你们的人生高度该怎样来测算呢？实际上，无论现在你处于什么样的境况，只要你不甘于现状，并积极为未来思考、寻找出路，就没有什么达不到的目标，你要相信自己，你有资格获得成功与幸福！我们先来看看下面的故事：

从前有位学者，一天，他带着学生们出行。

行到途中，他突然问学生："有一种东西，速度比光速还快，甚至能穿越我们的星球，到达远方……这是什么东西？"

"是思想！"学生们都争相回答。

学者继续问："那么，还有一种东西，堪比龟速，沧海桑田、斗转星移，它依然是孩童模样，这是什么呢？"

此时，学生们都愣了愣，不知道怎么回答。

学者继续问："还有一种东西，不进不退，不生不灭，始终定格在某个点，这又是什么呢？"

弟子们更加茫然。

此时，学者才缓缓地说："其实，三个东西都是思想，细细看来，更是我们的人生啊。"

学者停顿了会儿，然后解释着：

"第一种代表的是积极奋进的人生，当一个人永远积极向上、奋力向前、对未来充满信心时，他的心灵就是飞速进步的，总有一天能一飞冲天。第二种是懒惰的人生。他甘于现状、落于人后，这种人注定被遗忘。第三种是醉生梦死的人生。当一个人放弃人生，他的命运是冰封的，再也没有机会降临在他身上，所谓的快乐和痛苦，在他那里也就无所谓。对于他们来说，甚至不存在现实世界，也不存在梦想……"

的确，播种怎样的人生态度，将收获怎样的生命高度和深度。人的一生，要记住只有积极向前，才能使自己的生命更有意义，态度至关重要。

生活中的人们，如果你渴望成功，渴望获得荣誉，不妨从现在起，开始为你的目标积极思考吧，不要认为你做不到，不要存有消极的思想，你潜在的能力足以帮助你实现它。

一个人的天赋，是上天给的，但一颗积极进取的心却是任何人都无法给予的。天赋再高，也需要努力和勤奋的积累，否则，智慧会在玩乐中变成愚昧，聪明会在慵懒中变成迟钝，一世英明也会在不思进取中变成千古骂名。永远不要期望你可以不费吹灰之力就坐拥一切，天上永远不会掉下免费的馅饼，要想得到自己想要的一切，就必须靠努力使自己具备相应的素质和能力。

生活中，不少人也充满理想，但一旦把自己的理想和现实联系起来，他们就退却了，就认为不可能，而这种“不可能”，一旦驻扎在心头，就无时无刻不在侵蚀着我们的意志和理想，许多本来能被我们把握的机遇也便在这“不可能”中悄然逝去。其实，这些“不可能”大多是人们的一种想象，只要你能拿出勇气主动出击，那些“不可能”就会变成“可能”。

从现在起，你只需树立积极向上的人生态度，调动你所有的潜能并加以运用，努力提升自己的能力，便能带你脱离平庸的人群，为未来步入精英的行列打好基础！

梦，带来成长的契机

自古以来，无论是个人还是组织，凡能成大事者，都因为一个梦的指引，因为理想是指导行动的，伟大而卓越的人，之所以能够永无止境地创造和超越卓越，就在于他们拒绝接受平庸，他们追求卓越，所以他们功成名就。的确，喷泉的高度不会超过它的源头；一个人的成就不会超过他的信念。有信心的人，可以化渺小为伟大、化平庸为神奇。

梦，带来成长的奇迹，志向，是所有奇迹的萌发点。人一定要树立“我必成大事”的思想，也就是说，首先必须做一个心存高远志向的人，并为之苦苦拼搏。因为我企图，所以我成功。没错，拥有强烈野心的人最终能够在竞争中脱颖而出，尽显英雄本色。如果你现在没有成功、没有地位、没有财富，无关紧要，只要你有野心，有把野心贯彻到底的智慧、毅力和勤奋，那么你站在金字塔塔顶的时候就指日可待。

不想当元帅的士兵，不仅永远当不上元帅，更无法成为一个好士兵。没有大目标的人就如井底之蛙一般没有远见，只会待在自己的一井之底。许多人之所以达不到自己孜孜以求的目标，就是因为他们的主要目标太小，而且太模糊不清，使自己失去动力。

很多时候，我们真正需要唤醒的是我们自己本身，我们每个人都应当尽可能地挖掘自身的潜能，激发自己的雄心壮志。任何人都应该有这样一种抱负，那就是在有限的生命中做一些独特的、带有强烈个人印记的事情，从而使自己免于平庸和粗俗。使自己的生活更精彩，使自己的生命更灿烂。真正的抱负就是植根于现实土壤的切实目标，就是在能力所及范围之内追求卓越。

1940年11月27日，一个名叫布鲁斯·李的小男孩出生在美国三藩市。13岁时他跟随名师叶问系统地学习咏春拳，为后来自创截拳道打下了坚实的基础。

18岁那年，布鲁斯·李在西雅图进入大学就读，他除了学习外，把精力都放在研习武术上。经过精益求精的潜修苦练，他的功夫逐渐娴熟乃至达到更高的境界。布鲁斯·李是个多面手，除了精通各种拳术外，还擅长长棍、短棍和双节棍等各种器械，并研习气功和硬功。

一天，他与一位朋友谈到梦想时，随手在一张便笺上写下自己的人生目标——“我，布鲁斯·李，将会成为全美国最高薪酬的超级巨星。作为回报，我将奉献出最激动人心、最具震撼力的演出。从1970年开始，我将会赢得世界性声誉，到1980年，我将会拥有1000万美元的财富，那时候，我与家人将会过上愉快、和谐、幸福的生活。”

当时的布鲁斯·李正穷困潦倒，然而，他却把这些话深深铭刻在心底。为实现梦想，他克服无数常人难以想象的困难。1971年，命运女神终于向他露出了微笑。他主演的电影《唐山大兄》《精武门》《猛龙过江》，均刷新香港票房纪录。1972年，他主演了香港嘉禾公司与美国华纳公司合作的影片《龙争虎斗》，这部电影使他成为国际巨星——被誉为“功夫之王”。

他就是李小龙——一个迄今为止在世界上享誉最高的华人明星。

平凡不等于平庸，伟大常常出自平凡。只要我们的信心多一分，成功就会离我们近一步。按照皮鲁克斯的观点：“相信自己不平凡，才能最终达到不平凡之境。”要相信自己是一个有用之才，能够凭借自己的能力打出一片成功的天地。不要只是选择被动地等待，而是应该主动去了解自己要做什么，并且规划它们，然后全力以赴地去完成。

也一些人可能会说，自己没有别人聪明，研究表明，芸芸众生，真正的天才与白痴都是极少数的，绝大多数人的智力相差不多。然而，这些人在走过漫长的人生之路后，有的功盖天下，有的却碌碌无为。本是智力相近的一群人，为何他们的成就却有天壤之别呢？答案就在于人们志向大小的不同。

重要的并不在于你现在的地位是多么卑微，或者手头从事的工作是多么微不足道，只要你心存改进的意愿，只要你不局限于狭小的圈子，只要你希冀攀登成功的巅峰并愿意为此付出切实有效的努力，那么你终将成功。正如胚芽通过大量的积蓄最终萌发出地面一样，你也将通过持之以恒的努力渐渐地远离平庸，拥有一个比较卓越的人生。

为此，为自己编织一个伟大的梦想吧，也许你会说，现在每天的生活已经平淡无奇甚至被高强度的工作压得精疲力竭，梦想早就已经化为云烟随风远去。但请记住，能用自己的力量去创造自己美好人生的人，一定拥有超大的梦想和超过自身能力的愿望。

哪怕一无所有，也要永不止步

有人说，花儿不断吸收大地的养分，可以开得更娇更艳；小溪不断地奔涌向前，总有一天可以汇入大海；鲤鱼不断地往上跳，也能跃进看似遥不可及的龙门。而一个一无所有的人，可以靠不断进取征服整个世界；一个拥有一切却不思进取的天之骄子，总有一天会沦落为他人歧视的人下人。有人说，人生靠的是运气；也有人说，人生靠的是朋友的帮助；但实际上，人生靠的是个人的不断努力和进取。

然而，很多人也处于贫贱之中，为什么没能做出什么成就？如果一个人屈服于贫贱，那么贫贱将折磨他一辈子；如果一个人性格刚毅、敢于尝试、不怕冒险，他就能战胜贫贱，改变自己的命运。

的确，进取心是一切成就的前提，人的欲望是没有止尽的，人可以取得的成功也是不可限量的，到了一个高度，你可以到达一个更高的高度；取得一次辉煌，你可以取得更大的辉煌。所谓“逆水行舟，不进则退”。当别人以火箭的速度快速进步的时候，如果你还以蜗牛的速度慢慢爬行，即使你刚开始将人远远地甩在后面，但总有一天别人会超越你，到时候，你所有的成功和辉煌，都将永远成为过去，不会再有人记起。

在一片荒芜的土地上，有两颗种子。它们呼吸着同样的空气，吸收着同样的营养，却对生活抱着不一样的想法。

一颗种子这样想："我得把根扎进泥土，努力地往上长，要走过春夏秋冬，要看到更多美丽的风景。"于是，它努力地向上生长。在又一个黄金的秋天，它变成了很多颗成熟的种子。

另一颗种子却这样想："我若是向上长，可能碰到坚硬的岩石；我若是向下扎根，可能会伤着自己脆弱的神经；我若长出幼芽，肯定会被蜗牛吃掉；若开花结果，可能被小孩连根拔起，还是躺在这里舒服、安全。"于是，它闭缩在土里。一天，一只觅食的公鸡过来，三啄两啄，便将它啄到肚子里。

生活中的不少人都害怕改变，怕改变会损害自己的利益，可生活不会因为你的害怕就停滞不前。这个世界上没有唯一不变的事物，新老交替是万物生长的自然规律，没有人能够抗拒，我们唯一可做的就是去迎接这个变化，适应这个规律。每个人的一生，都是自己选择的一种生活态度，你选择积极向上，就可以高耸天际；你选择停滞不前，就会被后浪狠狠地拍死在沙滩上。

罗兰说："人不可以一直沉浸在对过去的留恋中，否则就会对现实失去进取心。"过去的风景固然美丽，可再美丽它也只能停留在过去，永远不会成为你的明天。不要一直停留在山脚下而不肯攀爬前面的高峰，否则你就永远不能感受到"会当凌绝顶，一览众山小"的激荡豪情。

人生，没有了进取，就如行尸走肉，渐渐会被奢华所吞噬；人生，没有了进取，就如没有了灵魂的躯壳，思想将会一去不复返；人生，没有了进取，就如停滞不前的时钟，永远也不能找到正确的钟点。努力成为一个积极进取的人，你就可以实现理想，实现愿望；努力成为一个积极进取的人，你的生活会变得更精彩、更惬意，你也可以找到真正的自己。

即使是第一，也永远可以做得更好

我们都知道，现代社会对人才的要求越来越高。任何一个人，都必须有不断学习和不断进步的意识，即使你已经有所成就，你也不能骄傲自满。因为一个人一旦满足于自己目前获得的成就，便失去继续前进的动力，不再追求更高的目标。而在这个竞争日趋激烈的社会，不前进便意味着后退，就可能被无情地淘汰。一旦你停止前进，便会被别人所赶超。

因此，我们每个人都要记住，即使你是第一，也永远可以做得更好。进取是没有止境的，我们永远不要满足于已经得到的，而需要不断地开拓新的领域。

拿破仑·希尔告诉我们，进取心是一种极为难得的美德，它能驱使一个人在不被吩咐应该去做什么事之前，就能主动地去做应该做的事。进取心是一种激励我们前进的、最有趣而又最神秘的力量，它存在于我们每个人的生命中，就像我们自我保护的本能一样。正是进取心这种永不停息的自我推动力，激励着人们向自己的目标前进。这种内在的推动力从不允许我们“休息”，它总是激励我们为了更好的明天而奋斗。

在成功的道路上要有永不满足的心态。一个阶段的成功要更好地推动下一个阶段的成功。每当实现一个近期目标，绝不要自满，而应该挑战新的目标，争取新的成功。要把原来的成功当成新的成功的起点，这样才会永远有新的目标，才能不断攀登新的高峰，才能享受成功者无穷无尽的乐趣。

日本直销大王中岛薰说过：“我向来认为自己最大的敌人就是满足，成功永远只是起点，而不是终点。”百万富翁想当千万富翁，千万富翁相当亿万富翁，亿万富翁想角逐《财富》排行榜。一个越成功的人，对成功的欲望越大。成功是一种行为习惯，一种思维习惯，一个成功的人习惯于成功，所以他才成功。

没有进取，社会就无法前进。生命在进取中生息不止，事业在进取中蒸蒸日上，人类在进取中超越自我。不甘于优秀，超越卓越者，可以把事情做到最好。“生命不息，奋斗不止”，不应只是成功者的做事原则，也应该为众多普通人所共识。

第2章

起而行之，没有行动的梦想，永远难以实现

生活中，我们每个人都有自己的梦想，然而，仅仅只有梦想是不够的，梦想必须付诸行动，如果没有行动，那梦想永远只是空想，只是空中楼阁、海市蜃楼，遥不可及。因此，我们一定要做到“一切用行动说话”，与其空想，不如立即行动，脚踏实地地为梦想拼搏。

坐而言不如起而行

《荀子·性恶》中有这样一句话，“坐而言不如起而行”，字面意思是，与其坐着说，不如站起来去做。这句话强调行动的重要性，其实，我们都知道这个道理，我们常在生活中所说的“说得好，不如做得好”“是驴子是马，拉出来遛遛”“出水才看两腿泥”等也是对“坐而言不如起而行”的另一种诠释。

然而，在我们的现实生活中，真正把行动力放在第一位的人却并不多，很多人是语言的巨人、行动的矮子，夸夸其谈，但一到实施的时候，就畏首畏尾、害怕失败，要知道，“说一丈不如行一寸”。满腹的经纶或满口的爱心，如果不能化为实践，就有如敲锣一样，虽然很大声，但不会感动人。

我们还发现，很多成功人士并不是高学历者，那些高学历者也并不一定能成功，这是为什么呢？其实，这与他们对待梦想的态度和行为不无关系。低学历者更注重实践，为了目标，他们制订好计划，然后一步一个脚印地努力，而一些高学历者则太过注重理论知识，他们在行动前会幻想太多，而行动得少，这种现象在开放的社会已经较为普遍，我们并不是说这是一种必然，但从一个侧面可以看到，光想不做是不会有好的结果的。

有哲人说："梦想指引我们飞升。" 我们都知道梦想的伟大力量，但把梦想变为现实只有一个方法，那就是行动。

那么，活在当下的人们，如果你希望自己成为一名成功者，那么，从现在开始，你就得放下空想，给自己规划一个详细的人生目标，并按照现有的自身条件去为之奋斗。只要你这么想，也这么做了，那么你的人生最终就是成功的。否则，你永远只能"做梦"，而无法实现"梦想"。

1921年，当电报机发明成功25年之时，《纽约时报》有一篇文章谈到了电报对信息传播的重大作用。有十几个人，从这份报道中得到启发。他们想，如果创办一份文摘刊物，让读者从大量的信息中获得自己需要的信息，肯定会受到欢迎。但当他们申请邮局发行时，得到的答复是因为从没有过这类刊物，目前条件还不成熟，还要等一等。绝大多数申办者就只好等等再说。

这十几人中有一位叫华莱士的青年却毫不犹豫，他想："你邮局不发行，我可以自办发行呀！"他没有等待，而是将订单装入2000个信封中，从邮局发往各地。

就这样，这位青年创办了世界上很少有的文摘刊物，并一下子拥有不少的读者，而且市场越来越广阔，这就是有名的

《读者文摘》。到了2002年，这本刊物已成为世界性的刊物。它用19种文字出版，发行到127个国家，年收入达5亿多美元。

所以，不要怕实践你的梦想，不要因为恐惧而裹足不前，不要等生命走到尽头时，才恍然大悟原来你也有机会可以实现梦想，只是，你放弃了。有了梦想就不要空想，不妨勇敢地去实践！ 不要在意别人的嘲笑。如果没有勇气去大胆地尝试，你永远都不会知道自己的潜力有多大！

看古今中外历史上的每一个伟人，无不拥有超前的思想和超凡的行动力，并通过发挥自己的优势而赢得荣誉的。一句话，行动促就梦想。说一尺不如行一寸，也只有行动才能缩短自己与目标之间的距离，只有行动才能把理想变为现实。成功的人都把少说话、多做事奉为行动的准则，通过脚踏实地的行动，达成内心的愿望。

要知道，没有人能随随便便成功，要成功，就要突破，就不能安于现状。做到突破，就要从现在开始，一步一个脚印，逐步提高自己，抓紧时间，奋斗进取，你就能拼搏出属于自己的一片天地。同时，当你跨过人生的沟坎之后，你会发现，原来，一切困难不过是前进路上的小石子，轻轻一踢，它们就滚开了。

的确，“空谈误国，实干兴邦”。大到国家，小到个人，万事万物都得由小到大。或许你现在做着看似不着边、没有前景的工作。但你要坚信，事物发展的道路是迂回曲折的，巴纳德说过："机会只偏爱那些有准备的人。"成功的秘诀在于现在就采取行动，绝不拖延，行动高于一切！把握现在的瞬间，从现在开始做。心动不如行动。

"一切用行动说话"，这是我们每个人应该记住的，仅仅有理想是不够的，理想必须付诸行动。

生活中的人们，也许现在的你也有很多梦想，你可能希望自己能成为著名企业家、人民教师、歌唱家等，但无论如何，你要知道，理想不同于妄想和幻想，目标要切实可行，行动要脚踏实地。这样，你离你的梦想就不远了。

因此，不管你的梦想多么高远，先做触手可及的小事。梦想是一个大目标，你需要做的是完成每天的小目标，这样，你朝大目标就进了一步。每进一步，你就会增加一份快乐、热忱与自信，你就会消除一份恐惧，你就会更踏实，就会从积极的思考发展成为积极的领悟，那么，就没有什么事情可以阻挡得了你。

良好的行动力是成就事业的前提

生活中，我们每个人都想成功，都希望获得一番成就，然而，最终获得成功的只有极少一部分人，其中重要原因之一就是不少人将梦想扼杀在摇篮之中。他们在谈到自己的梦想时夸夸其谈，并且做好规划，但是仅限于规划，到执行时，他们就自怨自艾，当我们问他为什么不去行动时，他们就会回答“我做不到”。真的做不到吗？没有尝试就轻言做不到是弱者的表现。一个人如果自我设限，那么必当导致行动迟缓，他们就认为自己做不到。可见，任何时候，我们都要明白一个道理，良好的行动力是成就事业的前提。不管你决定做什么，不管你为自己的人生设定了多少目标，决定你是否成功的永远是你自己的行动。只有行动才能赋予生命以力量，只有你的行动才能决定你的价值。

一只鸟的翅膀再大，如果不努力振动，又怎能展翅高飞呢？一个人的才能再高，如果不努力拼搏，又怎能走向成功呢？一个国家的物产再丰富，如果不努力发展，又怎能屹立于世界民族之林呢？这一切都说明：再伟大的目标也要建立在行动的基础上。其实，对于梦想的实现也是如此，每个人的内心深处都埋藏着黄金，但唯有行动，才能让我们释放潜能、发光发热。

美国出类拔萃的商业家约翰·沃纳梅克这样说过：“没有什么东西是你想得到就能得到的。”成功的人与那些蹉跎人生的人的最大区别，就是——行动！如果你能追溯那些成功人士的奋斗之路，你就会感叹："难怪他会做得这么好！"怎么样的行动能获得最大的成功呢？是马上行动！只要你敢于迈出别人不敢迈的那一步，你就能比别人快"半拍"，就能成为第一个吃螃蟹的人。

这样一个全新的市场，还担心别人的竞争吗？在他人已经涉足甚至做得如火如荼的行业里努力，远不如独自开辟一个市场更容易成功。比尔·盖茨曾经说过："微软处处领先，我能成为世界首富，靠的就是不断的更新。我们要做第一个吃螃蟹的人，就要保证我们自己而不是别的什么人将我们的产品更新换代。对于一个企业来说如此，对个人来说也是如此。"

不难发现，我们生活的周围，很多人都对未来做出各种各样的构想，但真正执行的人却少之又少。每每考虑到有失败的可能，他们就退缩了。因为他们怕被扣上愚昧的帽子，被别人耻笑；他们不敢爱，因为害怕不被爱的风险；他们不敢尝试，因为要冒着失败的风险；他们不敢希望什么，因为他们怕失望……这种可能会遇到的风险，让他们畏首畏尾、举步维艰，他们茫然四顾，不知道自己的出路在何方。殊不知，如果你连第一步都不敢迈出的话，你永远不可能看到追求人生目标之路上的风景。

人间的事情没有一件绝对完美或接近完美，如果要等所有条件都具备以后才去做，只能永远等待下去。如果一个人一直在想而不去做的话，根本成不了任何事。

立即行动，而不是寻找任何的借口逃避，这样的人才能最终赢得胜利女神的垂青。洛克菲勒曾说：“不要等待奇迹发生才开始实践你的梦想。今天就开始行动！”现在就应该去执行。行动是成功的保证，只有行动才会产生结果。在任何一个领域，不努力去行动的人，就不会获得成功。世上没有任何事情比下决心、立即行动更为重要，更有效果。因为人的一生，可以有所作为的时机只有一次，那就是现在。

因此，我们每个人要想成功，就应该做到敢为人先，就要认识到行动的重要性。现代乃至未来社会，执行力就是竞争力。成败的关键在于执行。

做个实干家，而不是空想家

前面我们已经提及，梦想和目标对我们的行为有着深刻的指导意义，我们每个人都要有梦想，但同时你也应该做得踏实，因为现实不承认猜想，只有行动才会带来成功。我们每个人都不要害怕实践自己的梦想，不要因为恐惧而裹足不前。有了梦想就不要空想，不妨勇敢地去实践生命的感觉！ 不要在意别人的嘲笑，如果没有勇气去大胆地尝试，你永远都不会知道自己的潜力有多大！

在很多人的心中，可能也和愚公一样，都有一个远大的理想。然而他们往往缺乏坚定的信念、顽强的拼搏精神与必胜的信念，因此他们的目标只停留在口头上，难道这种“说话的巨人”也能轻易取得成功吗？这些人经常“三天打鱼，两天晒网”，根本就不付诸行动，试问这样怎能实现远大的理想呢？

伟大的哲学家卢梭曾说：“节制和劳动是人类的两个真正医生。”哲人也说：“所谓人生，归根到底，就是一瞬间、一瞬间持续的积累，如此而已。每一秒钟的积累成为今天这一天；每一天的积累成为一周、一月、一年，乃至人的一生。同时，伟大的事业乃是，朴实、枯燥工作的积累。如此而已。那些让人惊奇的伟业，实际上，几乎都是极为普通的人兢兢业业、一步一步持续积累的结果。”而在现今的社会浪潮中，唯有踏踏实实干事，不浮躁、不轻狂的人，才能成就一番大事。这就好比一座建筑是由一砖一瓦砌成的，每一砖一瓦本身并不怎么重要。但是缺少了它们，高楼如何建起？同样的道理，成功者的一生都是由无数个看上去微不足道的小方面构成的。

事实上，每一个成功者都深知在追逐成功的过程中，沉下心来进入角色是非常重要的，越早进入就意味着越早地步入事业的轨道。每天都让自己成熟一些，浮躁之气自然会少下来。正如托马斯·爱迪生所言，成功中天分所占的比例不过只有

1%，剩下的99%都是勤奋和汗水。

同样，对于生活中的我们来说，也要树立踏实的态度。要想获取成功，就得付出坚强的心力和耐性。艾森豪威尔说：“在这个世界，没有什么比‘坚持’对成功的意义更大。”的确，世界上的事情就是这样，成功需要坚持。雄伟壮观的金字塔是的建成正因为凝结了无数人汗水的结晶；一个运动员要取得冠军，前提就是必须坚持到最后，冲刺到最后一瞬。如果有丝毫之松懈，你就会前功尽弃，因为裁判员并不以运动员起跑时的速度来判定他的成绩和名次。

我们不得不承认的是，浮躁的现象在现今社会尤其是年轻人朋友中普遍存在，具体表现在于：事情才刚刚做到一半，他们就觉得已经大功告成，便开始松懈起来。急功近利，只讲速度，不讲质量，看不起眼前的小事，认为做它没有什么意义。他们的兴趣没有被提升起来，挑战自己和别人的欲望也被压抑着。

事实上，现实的生活对每个人都是一场综合的考验，不会对谁网开一面。在中国，先贤也曾给过我们训示：要志存高远，坚信“王侯将相，宁有种乎”；也要踏实奋进，懂得“一屋不扫，何以扫天下”的道理。只要踏实做事、本色做人，我们每个人在社会的浪潮中都能很容易找到自己的位置，并更加顺利地践行自己的理想。为此，当理想和现实交织在一起的时候，你应该能把握二者的关系。

因此，我们每个人都要有踏实肯干的精神，从现在起，无论是做事还是学习，你都要做到不腻烦、不焦躁，埋头苦干，不屈服于任何困难，坚持不懈；只要你坚持这样做，就能造就优秀的人格，而且会让你的人生开出美丽的鲜花、结出丰硕的果实。

缺乏执行力的完美主义者

生活中，我们都强调要以高标准要求自己，也就是要追求完美。追求完美是一种追求进步的表现，如果人们都满足于现状，那我们将会止步不前。因此，可以说，追求完美并没有什么不好，相反，很多时候，精益求精对我们的能力、知识、经验等方面都大有益处。然而，当你已经形成一种追求完美的习惯后，你会发现，你做事的效率反而降低了，因为你的执行力变弱了。

事实上，在我们周围，有不少这样的人，他们为人处世处处小心，总是认为自己做事没做到完美，他们对自己要求过分严格。因为他们过于认真、拘谨，苛求自己，所以他们生活得很累。他们总有这种表现，以高标准来要求自己，一旦某件事没有做到无可挑剔的程度，那么必定是吃不好也睡不好，总觉得心里不舒服。这种人就是我们常说的完美主义者。然而，我们更清楚的一点是，这个世界上并没有完美的人，也没有完美的事。

通常来说，完美主义者在刚开始做一件事的时候，都会满怀斗志，认为可以做到完美无瑕，但随着工作进度的推移，他们的激情被磨灭，找不到真正完美的执行方法。此时，他们会选择用拖延来为自己害怕不完美找借口。他们常常会说："再等等，一定有更好的解决方法。""桌子上太乱了，扰乱了我的思绪，我先收拾下。"然而，真正完美的那一刻真的存在吗？这何尝不是一种自欺欺人呢？

心理学家也称，一些人之所以迟迟不行动，并不是因为他们缺乏热情，也并不是因为他们能力不足，而是某种形式上的完美主义倾向或者求全心理让他们缺乏行动力。

某知名广告公司聘请了一名设计师，公司上上下下都在议论这名设计师的来历，这名设计师姓胡，是某名牌大学的硕士研究生，在校期间就为很多大公司做过设计。并且，胡小姐的能力有目共睹，在公司的会议上，老总曾公开展示过她的作品，并告诫大家以胡小姐为榜样。

然而，令大家感到惊奇的是，不知为何，在胡小姐来公司的第三个月，她就被开除了，一些男同事惊呼："也太没天理了，这样能力超群的美女，怎么就被开了呢？"一些在公司混饭的员工甚至觉得这是老板裁员的第一步，连胡小姐都被开除了，恐怕自己也不远了。种种猜测在员工之间传得沸沸扬扬，但其实只有老板自己明白，胡小姐是个严重的拖延者。

这家公司的老板姓张，张经理对胡小姐实在忍无可忍了，从第一个月开始，别人都做了六个作品，而她只交上来三个，每次催她要作品，她就会回答："再给我一天时间，我还是觉得有几个地方不满意。"要么就是："我还没想到怎么收尾呢。"其他员工一个月5000元的工资，胡小姐因为是特别聘请，所以每月8000元，8000元就交上来三个作品，这样的代价实在太大了。还有一点最主要的是，胡小姐总是抱怨给她的时间太少，每次让她必须把作品交上来的时候，她都因为无法按时完成作品而变得狂躁。无奈，张经理最后决定另请高明。

案例中的胡小姐就是吹毛求疵的职场人士，因为总是对工作不满意，她一直拖延工作，最后，公司领导将其开除。

其实，这样的人在我们工作的周围并不少，他们之所以要求自己做到完美，多半与对自己过高的期望有关，他们十分在意周围人对自己的评价，他们害怕一旦做得不好，会被人嘲笑或者让自己没面子。他们在执行的时候，总是在不停地问自己："如果再换一种方法，是不是更好？"结果，他们总是在尝试寻找最完美的方法。

其实，人生不可能事事都如意，也不可能事事都完美。追求完美固然是一种积极的人生态度，但如果过分追求完美，而又达不到完美，就必然会产生浮躁心理。过分追求完美往往得不偿失，变得毫无完美可言。

要知道，我们不会因为一个错误而成为不合格的人。生命是一场球赛，最好的球队也有丢分的记录，最差的球队也有辉煌的一刻。我们的目标是——尽可能让自己得到的多于失去的。那么，过分追求完美的人该如何去调整呢?

不要苛求自己。你不要总是问自己，这样做到位吗？别人会怎么看呢？过分在乎别人的看法就是苛求自己，你会忽略自己的存在。

要改变自己的观念。你需要明白一点，世界上没有完美的事，保持一颗平常心并知足常乐，才是完美的心境。换一种新的思路，即尝试不完美。

要改变释放方式。当你心情压抑时，你要选择正确的方式发泄，如唱歌、听音乐、运动等，并且，你要抱着一种享受的心情发泄，这样，你很快就会感受到快乐。

让一切顺其自然。不要对生活有对抗心理，过于较真的人，他们会活得很累，因此在思考问题时要学会接纳控制不了的局面，接纳所有的事，不要钻牛角尖。

总之，人生是没有完美可言的，完美只是在理想中存在，生活中处处都有遗憾，这才是真实的人生。事实上，追求完美是盲目的。“完美”是什么？是完全的美好，这可能吗？“凡事无绝对”，哪里来的“完全”，更不要提“完美”了。既然没有“完美”，那你还在等待什么呢？立即执行吧！

要有积极主动、说做就做的魄力

生活中，很多人想成功，但只愿意做很少的努力。而那些成功者之所以会成功，是因为他们即使害怕也会行动，大多数人正是因害怕而没有作为。因此，你也不要再感叹时光荏苒了，从现在起，立即行动吧，下一刻也许就是成功！

事实上，扭转人生的第一步，就在于抛却一切负面、消极的想法，放眼于现在，着眼于未来，从迈出一小步开始，然后再尝试迈出大的步子，这样你将发现许多能使你变得更好的方法。

现代社会，无论是职场还是商场，其竞争度的激烈恰如战场，每一个渴望成功的人都应该牢牢地记住，执行是最重要的，执行力就是竞争力。成败的关键在于执行。执行力如何，将决定了上司是否重用你，是否给你发展的机会；决定了你是否能在强有力的竞争面前勇敢面对等。美国钢铁大王安德鲁·卡内基在未发迹前的年轻时代，曾担任过铁路公司的电报员。

生活中的人们，你要知道，每一个工作——不论是经营事业、高级推销工作或在科学、军事、政府机关工作，都需要脚踏实地的人来执行。主管在聘用重要职位的人才时，都会先考虑下面这些问题，然后才决定是否聘用。这些问题有："他愿不愿意做？""他会不会坚持到底把事情做完？""他能不能独当一面，自己设法解决困难？""他是不是有始无终、光说不做的那一种人？"

这些问题都有一个共同的目的，就是设法了解那个人是不是"说做就做"，也就是有无执行力。再好的新构想也会有缺陷，即使是很普通的计划，如果确实执行并且继续发展，都比半途而废的好计划要好。因为前者才会贯彻始终，后者却前功尽弃。

有人说世界上的人分别属于两种类型。成功的人都很主动，我们叫他"积极主动的人"；那些庸庸碌碌的普通人都很被动，我们叫他"被动的人"。仔细研究这两种人的行为，可以找出一个成功原理：积极主动的人都是不断做事的人，他真的去做，直到完成为止。被动的人都是不做事的人，他会找借口拖延，直到最后他证明这件事"不应该做""没有能力去做"或"已经来不及了"为止。

有名中国留学生在快毕业的时候，带着自己的简历四处找工作。这天，他在唐人街买了一份报纸，报纸上刊登了一条招聘信息：澳洲电讯公司正在招人，年薪5万澳元，这名留学生心动了，并且，他的条件完全符合招聘要求，因此，很快他就在众多应聘者中脱颖而出。

留学生原以为会马上签约，但谁想到，招聘主管居然问了一句："你有车吗？你会开车吗？我们这份工作时常外出，没有车寸步难行。"这句话把留学生问傻了，因为他既不会开车，也没有车，但他明白，这名主管提出的要求是很合理的，因为在澳大利亚，公民普遍拥有私家车，无车者寥若晨星。为了争取这份极具诱惑力的工作，他不假思索地回答："有！会！"

"4天后，开着你的车来上班。"主管说。

4天？时间也太仓促了，但这名留学生很快想到办法，他在华人朋友那里借了500澳元，从旧车市场买了一辆外表丑陋的"甲壳虫"。

第一天他跟华人朋友学简单的驾驶技术；第二天在朋友屋后的那块大草坪上模拟练习；第三天歪歪斜斜地开着车上了公路；第四天他居然驾车去公司报到。时至今日，他已是澳洲电讯公司的业务主管。

生活中的很多人遇到留学生这种情况，可能就会自动放弃这份工作机会，因为不会开车。这是一个多么好的理由！可这名留学生则不同，他的这种心态很值得我们学习。

在生活中，可能你也看到不少人一夜成名，但如果你能细究一下，就会发现，他们的成功绝不是偶然的，正如有人所说：“没有人能随随便便成功。”他们为了实现梦想早已投入无数心血，打好坚固的基础。相反，也有一些人，他们雄心壮志，誓将要成就一番事业，但终其一生却碌碌无为、两手空空。差异产生的原因就在于行动，从身边的小事开始做起、注重实践，就会出现意想不到的机遇。

每天都有无数人把自己辛苦得来的构想埋葬掉，因为他们不敢执行。过一段时间以后，这些构想又会回来折磨他们。因此，如果你不想让自己成为这些人中的一员，就从现在开始行动吧！

第3章

打破思维僵局，活出无限可能

古语曰："勇敢的人是世界上最机智的人，因勇敢而敢于探索，因机智而敢于发现。"这不是句空话，强调的是思维对于行动的重要性，实际上，无论是工作中还是生活中，无论做什么事，我们都要用头脑指导行动，有勇气、够努力是好事，但这是远远不够的，还要多动脑、多思考，这样才能真正做出成绩。那么，从现在起，就用你睿智的头脑编织一个成功的梦并为之努力吧！

山重水复疑无路，柳暗花明又一村

我们发现，古今中外，任何一个成功者都具有一些共同的特质：永不言弃，并且最为重要的是，他们即使身处绝境，也能开辟出新的道路，这就是一种创造力。而拥有创造力来自思维的改变，因为一个人有没有创造性是他的思维方式决定的，创造性思维是创造力的核心，是人类智慧的体现。对于现代社会中的每一个人来说，是不是懂得变通，不仅决定了他解决问题的能力如何，更决定了他能否在未来的社会竞争中脱颖而出、担当大任。

有这样一则故事：

一架飞机撞山失事了！成群的记者冲向深山，大家都希望抢先报道失事现场的新闻，其中有一位广播电台的记者拔得头筹，在电视报纸都没有任何消息的情况下，他却做了连续十几分钟的独家现场报道。为什么这位记者能抢头条呢？因为他未到现场之前，先请司机占据了附近唯一的电话，假装有事通话的样子，所以当他做好现场报道的录音，跑到电话旁边，虽然已经有好几位记者等着，他却只是将录音机交给司机，就立刻通过电话对全国听众做了报道。

由此，我们不难看出，思维对我们的工作和生活有多么重要。在现实生活中，善于思考问题、改变思路的人，总能在困境中寻找到解决问题的方法，在成功无望的时候创造出奇迹。洛克菲勒说过："遇到困难和问题，我们应该学会改变思路。思路一转变，原来那些难以解决的困难和问题，就会迎刃而解。"

生活中，我们常听他人说"与时俱进"这一词，也就是说，我们在做人做事时，要懂得变通，不要一根筋，毕竟我们所生活的时代每天都在变化，守旧的思维模式只能让我们被时代抛弃。事实上，自古以来，人类的进步就是因为能做到与时俱进，能做到思维的创新，可以说，人类如果故步自封，只会停滞不前。

因此，在生活和学习中，你要做个变通的人，要学会开发自己的大脑，运用想象力，跳出思维的框框，就能发现思维的另一个高度，就会得出异乎寻常的答案。

可能你会说，我就是个不聪明的人，不要紧，从日常生活中开始改变自己就可以，当你每天早晨一打开窗户的时候，就会感受到一股新鲜的空气。于是，你感觉自己的身心是多么的轻松。接下来要做的事情就是，投入每天的学习或生活当中，好像这个世界上的事情永远做不完似的。而最重要的是，你可以每天让自己多出一点新奇的想法，给生活增添一点新奇的意味。如果你这样去做了，那么，你就等于在努力突破自我，虽然现在还没有奇迹发生，但至少你已经和原来的你不同了。

我们每一个人，若想让自己变得灵活机动起来，就需要从以下两个方面努力：

1.要转变观念，撞了南墙一定要回头

有些人可能会认为，坚持到底就会胜利，但前提是，你的思路是正确的。对于不适合你的路，你不要一成不变、过于死板。当你有既定目标时，一定要坚持不懈，但也不能太强硬，不知变通。如果行不通的话，就要尝试着换一种方式去努力。

坚守的不一定都是正确的，舍弃的未必都是可惜的。适时转变思路、调整方向，也许就会柳暗花明，也许就会天堑变通途，成就你成功的人生。

2.全面地分析形势，找准自己的出路，最终才能立于不败之地

当你陷入生活和事业的困厄中，找不到路时，便产生困惑和茫然的感觉。此时，你应该使自己冷静，并保持清醒，全面分析现状，然后转变思路、大胆创新，为自己开辟一条新的出路。

总之，不寻常的方略引导不寻常的成功，我们应该学会灵活变通，当大家都朝着一个固定的思维方向思考问题时，你不妨换个方向思索，这实际上就是以“出奇”去达到“制胜”。这种思维方式一旦运用到工作中，工作效率就会大大提高，也

会让你事半功倍，甚至会得到不同寻常、出其不意的成功。

反转你的大脑进行逆向思维

我们都知道，人一旦形成某种认知，就会习惯地顺着这种思维定式去思考问题，习惯性地按老办法想当然地处理问题，不愿也不会转个方向解决问题，这是很多人都有的一种愚顽的“难治之症”。这种人的共同特点是守旧、迷信盲从，所思所行都是唯上、唯书、唯经验，不敢越雷池一步。而要使问题真正得以解决，往往要废除这种认知，将大脑“反转”过来。

因此，生活中的人们，你必须学会反转你的大脑、破除旧有思维的限制。

一次，德国大诗人歌德在公园散步时，在一条窄得仅容一人通过的小路上，碰见一位把他的所有作品都贬得一文不值的批评家。

两个人面对面站着，批评家出言不逊：“我从来不给蠢货让路！”

“我却正好相反！”歌德微笑着站到了一边。

批评家原想讥笑一下歌德，结果搬起石头砸了自己的脚。歌德所运用的这种思考方法就是我们所说的逆向思维方法。

生活中，每个人都要培养自己的这种思维方式，要知道，思维决定一个人的路途。不同的人，选择不同的思维方式，自然他们脚下的路就不一样。善于改变自己的思维，不按照常理去想问题，就会取得非同一般的成效。有时候，当你处于某种自以为不可能的情况下时，如果你从反方向思考的话，或许你就会豁然开朗。

的确，生活中，似乎人们都习惯以顺向思维来思考问题，而这种思维方式很多时候会把我们的思绪带入死胡同。于是，就产生了“不可能”，但如果我们把思维调回去，就会发现，反方向出发思考，原来问题如此简单。

生活中的人们，你做事情的时候习惯先用逆向思维去考虑吗？这个社会大多数人还是选择跟随主流方向走的，那些与人群相逆的人，常被视为不入流的“笨蛋”。然而，正如真理往往掌握在少数人手里一样，财富与成功也往往掌握在少数人手里。那些少数的“笨蛋”，那些从来不按套路出牌的“笨蛋”，就是他们享受着财富和成功的青睐。

换一种思维，就会从另一个方面判断问题，从而把不利变为有利。换一种思维方式，把问题倒过来看，不但能使你在做事情上找到峰回路转的契机，也能使你找到生活的快乐。

关于运用逆向思维，我们需要掌握以下三大类型：

1.反转型逆向思维法

这种方法是指从已知事物的相反方向进行思考，产生发明构思的途径。“事物的相反方方向”指从事物的功能、结构、因果关系三个方面做反向思维。例如，市场上出售的无烟煎鱼锅就是把原有煎鱼锅的热源由锅的下面安装到锅的上面。这是利用逆向思维，对结构进行反转型思考的产物。

2.转换型逆向思维法

这是指在研究问题时，由于解决问题的手段受阻，而转换成另一种手段，或转换思考角度，以使问题顺利解决的思维方法。如历史上被传为佳话的司马光砸缸救落水儿童的故事，实质上就是一个用转换型逆向思维法的例子。由于司马光不能通过爬进缸中救人的手段解决问题，因而他就转换为另一种手段，砸缸救人，进而顺利地解决问题。

3.缺点逆用思维法

这是一种利用事物的缺点，将缺点变为可利用的东西，化被动为主动、化不利为有利的思维发明方法。这种方法并不以克服事物的缺点为目的，相反，它是将缺点化弊为利，找到解决方法。如金属腐蚀是一件坏事，但人们利用金属腐蚀原理进行金属粉末的生产，或进行电镀等其他用途，无疑是缺点逆用思维法的一种应用。

勤于思考，换个角度看问题

生活中，我们都知道，高山之巅是每个登山者的目的地，但很多时候，这些登山者执迷于一条常规的登山之道，曲折的山路会让登山者迷路，可是固执的登山者却始终坚持那条常规的登山之道，结果忽略了一路的风景。假如另辟蹊径的话，登山者看到的就是另一番风景。这告诉我们，善于打破常规思维，换一种思维方式，就会获得不同的成效。

对于每个为梦想奋斗的人来说，谁都希望自己在人生的路上少走一些弯路。可是，世间事物千奇百怪、变幻莫测，现代社会更是瞬息万变，人生之路走得是否顺畅，就要看你是否能打破单一的思维方式，从另一个角度去思考问题。倘若如此，一切就会豁然开朗。

的确，思路一变天地宽，很多时候，在看似无路可走的情况下，只要你能转换思考的角度，你就能找到出路。

某时装店的经理不小心将一条高档呢裙烧了一个洞，使其价值一落千丈。如果用织补法补救，也只是蒙混过关，欺骗顾客。这位经理突发奇想，干脆在小洞的周围又挖了许多小洞，并精于修饰，将其命名为“凤尾裙”。一下子，“凤尾裙”销路顿开，该时装商店也出了名。

这就是思维的变化带来可观的经济效益。无跟袜的诞生与“凤尾裙”异曲同工。因为袜跟容易破，一破就毁了一双袜子，商家运用逆向思维，试制成功无跟袜，创造了非常良好的商机。

可见，我们每个人都应该学会转换思维，如果一味地走别人走过的老路、毫无创新的话，那么，你也只能复制出别人的未来；如果你寻找到属于自己的路，那么，你的未来就是美好的。事实上，无论做什么，都是这个道理，都要有灵光的头脑，善于创造性思维，不能钻牛角尖。

一家大公司的董事长即将退休，他想物色一位才智过人的接班人。经过一段时间的观察，他挑出了两位人选——约翰和吉米。因为他们都很精通骑术，老董事长便邀请二位候选人到他的农场做客。当他们到来时，老董事长牵着两匹同样好的马走了出来，说：“我知道你们二人都很善于骑马，这有两匹很好的马，我要你们比赛一下，胜利者将成为我的接班人。”

他把白马交给了约翰，把黑马交给了吉米。这时，老董事长开始宣布比赛的规则：“我要你们从这儿骑马跑到农扬的那一边，然后再跑回来。谁的马跑得慢，也就是后到目的地，谁就是胜利者。”

听了这话，约翰突然灵机一动，迅速跳上吉米的黑马，然后快马加鞭地向前急驰而去，他自己的马却留在原地。吉米感到约翰的举动很奇怪：“咦！他怎么骑了我的马呢？”当他终于想通是怎么一回事时，已经太晚了。他的黑马遥遥领先，无论怎样追也追不上。

结果，吉米的马最先到达终点，他输了。

老董事长高兴地对约翰说："你可以想出有效的创新办法，能出奇制胜，证明你有足够的才智来接替我的位置，我宣布，你就是下一任董事长！"其实，人的智商是没有多大差别的，关键在于谁能将问题转换到另一个角度。会思考的人才是最终的赢家。故事中的约翰就是个善于打破常规思维的人，他用逆向思维赢了吉米。

因此，我们任何人都要经常变动自己的脑筋，在生活中勤于思考、善于变通，对于一些别人解决不了的问题，可以换个思路去解决；对于别人想不到的事情，要努力想到并实现。会变通的人才会在通往成功的路上排除万难，最终获得成功。

总之，生活中的每个人都要明白，很多时候，换一条路，会看不见不一样的风景。现在的你也许怀揣满腔抱负，希望可以有所成就，可是，也总是有很多人狭隘地认为，成功靠的是努力，努力就有收获。诚然，一个人的成功要靠努力，可是不用大脑的努力是不会迎来成功的。其实，有时候，只要我们稍微转换一下思维方式，问题的解决根本不必那么麻烦，这就是思维决定命运。

别被已有的知识和经验禁锢思想

人的思维方式常常受制于既有的知识和经验，想问题和看问题很难从既有的知识和经验中跳出来。这就是法国心理学家缪勒发现的思维定式。他提出，在人的意识中曾出现过的观念，有不断重复出现的趋势。这正应了生物学家贝尔纳的一句话："妨碍人们学习的最大障碍，并不是未知的东西，而是已知的东西。"

人们总是很容易陷入固有的思维模式里去，有时候明明某种想法对解决问题没有很好的效果，却非得按照常规去做，结果白白地耗费了时间和精力。人一旦形成习惯的思维定式，就会习惯地顺着固有想法思考问题，不愿也不会转个方向、换个角度想问题。很多人都有这样的"难治之症"，所以走不出宿命般的可悲结局。

看来，既有的知识和经验有时会成为我们进步与创新的羁绊。所以，一个人要想在人生和事业上有所突破，就必须学会突破已有的知识和经验，只有不被原来的知识和经验钳制住，才能转换自己的思维和改变自己的想法，没有这些转换和改变，新想法不会诞生，新境界不会洞开，人生和事业突破性的成功也不会实现。

在维克斯堡战役中，格兰特曾经经历两次失败，但他没有气馁，而是再次进行了精心策划。格兰特在仔细地研究地图、聆听大家谈论维克斯堡后，对部下说出了他决定再次攻打维克斯堡的意图，大多数人都反对，说他的计划太冒险了。

但是，格兰特还是出兵来到密西西比河西岸，从维克斯堡城前经过。他让部队在城南的一个地方乘上炮舰，渡过了河。部队在东岸登陆，在司令官的催促下，向内陆突进。为了闪电般袭击敌军，任何非必需的物品都不准携带。格兰特本人只带了一把梳子和一柄牙刷，没有替换的衣服，没有毯子，甚至没有坐骑。军队从维克斯堡南面向内陆进发。格兰特在城北的活动已经麻痹了南方军，他们不明白他在要塞南面登陆的用意。南方军指挥官慌忙南下，想摧毁格兰特的给养线，却发现根本没有什么给养线。因为格兰特违背了一条这样的基本作战原则：进攻部队的活动不能脱离掩护得很好的给养基地。他完全不受条条框框的约束，他以这片土地为生，一边前进，一边就地征集他所需要的食物和马匹。

这场战役的胜利，改变了南北双方力量的对比，是北方走向胜利的转折点。

人总是有其固有的传统思维。而想摆脱传统陈旧思维方式的束缚并不是件容易的事情，因为传统思想观念像影子一样深藏在人们的心灵深处，不为人们所察觉，但它却严重地影响着人们的言谈举止和行为方式。这些传统的思维方式阻碍着你的变通思维，使你行走社会感觉做很多事都困难重重，感觉成功离你是那么遥远，但是如果你能转换思维方向，变通地看待一切，变换你的处事方式，你就会发现，你不再寸步难行，很多事情都能轻而易举做好，成功与你也是前所未有地接近。

俯看芸芸众生，大多数人都很难实现自己的人生突破，很难获得重大的成功，其中一个不可小觑的原因，就是一般人都难以摆脱自己的知识和经验所形成的思维定式的束缚。很多人走不出思维定式，所以他们走不出宿命般的可悲结局；而一旦走出思维定式，也许可以看到许多别样的人生风景，甚至可以创造新的奇迹！

要想在事业上有所进展，就必须学会突破已有的知识和经验，只有转换自己的思维和改变自己的想法，才能迎来一番新境界。

因此，生活中的人们，从现在起，当你的思维活动遇到障碍、陷入困境、难以再继续下去的时候，有必要认真检查一下：我们的头脑中是否有某种定式思维在起束缚作用？我们是否应该换个角度去看问题了？

固定的思维方式容易把人的思维引入歧途，也会给生活与事业带来消极影响。要改变这种思维定式，需要随着形势的发展不断调整、改变自己的行动。任何一个有创造成就的人，都是战胜常规思维的高手。

实际上，一个人的思考陷入某种定式思维大都是不自觉的，而要摆脱和突破这种定式思维的束缚，常常需要自觉地付出努力。为此，需要我们做到以下几点：

1.培养自己的质疑能力

我们应该保持对未知事物的好奇心，做到博学而不浮躁，专注而不死板，打下良好的基本功才能有所创新。

2.展开想象的翅膀

在这个科技飞速发展的社会，没有什么是不可能的。没有做不出来的东西，只有想不出来的东西。只要你敢想，就能变成现实。

3.不断地尝试

很多新事物都是在不断的尝试中摸索出来的。鲁迅有一句名言："其实地上本没有路，走的人多了，也便成了路。"我们寻找道路的过程，实际上就是不断尝试的过程。在尝试的过程中，必然会面临很多的挫折，千万不要被挫折打败。

我们要欣然面对失败，并且坚持自己的想法，哪怕只是为了验证这些想法并不可行。一遍又一遍，直到发现自己的想法原来是行得通的。我们在尝试中总结经验、不断进步，而任何事情，浅尝辄止是不会有所成就的。

换个角度看人生，一切就会不同

生活中，很多人活得太累，他们总是抱怨自己生活乏味、不幸福，总是情绪不好，其实，并不是因为他们的生活真的不幸福，而是因为他们总是看到事物不好的一面。如果他们能换个角度看人生，那么，就能心情愉悦，收获一路的风景。其实，人生的路很长很长，相信快乐与幸福一直在路上，只等一颗宁静和细致的心去发现。

我国古代有这样一个故事：

一位母亲有两个儿子，大儿子开染布作坊，小儿子做雨伞生意。每天，这位老母亲都愁眉苦脸，天下雨了怕大儿子染的布没法晒干，天晴了又怕小儿子卖的伞没有人买。一位邻居开导她，叫她反过来想：雨天，小儿子的伞生意做得红火；晴天，大儿子染的布很快就能晒干。

这位老母亲眉开眼笑，活力再现，就是因为转换了思维。

罗丹说："这个世界不是缺少美，而是缺少发现美的眼睛。"那些心平气和的人还有一双眼睛，它不是长在脸上，而是长在心中的、心智的眼睛。这双眼睛比自然造化的那双眼睛更为重要。因为从这双眼睛中，他们看到更为美丽的、细腻的世界。

现实生活中，人们觉得不幸福，很多时候与金钱、地位、名誉有关，而其实，幸福与否，是一种内心的感受，假如我们能换个思考的方式，幸福也会不求自来。

从前，有一对孪生姐妹，姐姐嫁给了一个有钱人，过上了锦衣玉食的生活，但她似乎并不快乐。妹妹则嫁给一个豆腐作坊的穷人。有一天，闲来无事的姐姐想去看看妹妹过得怎么样。来到妹妹家，她看到妹妹正在辛勤劳作，但却还唱着歌儿。姐姐恻隐之心大发，说："你这样辛苦，只能唱歌消烦，我愿意帮助你，让你们过上真正快乐的生活，谁让我们是姐妹呢？"说完，她放下一大笔钱，送给妹妹。

这天夜里，姐姐回到家后，躺在床上想："妹妹不用再这么辛苦做豆腐了，她的歌声会更响亮的。"

第二天一早，姐姐又来到作坊，但却听不到妹妹的歌声了。她想，妹妹可能激动得一夜没睡好，今天要睡懒觉了。

但第二天、第三天，还是没有听见歌声，姐姐好奇怪，就在这时，妹妹拿着姐姐给自己的钱，着急地对姐姐说："我正要去找你，还你的钱。"

姐姐问："为什么？"

"没有这些钱时，我每天做豆腐卖，虽然辛苦，但心里非常踏实。每天晚上，能和丈夫、孩子一起数今天赚了多少钱。自从拿了你这么一大笔钱，我和丈夫反而不知如何是好——我们还要做豆腐吗？不做豆腐，那我们的快乐在哪里呢？如果还做豆腐，我们就能养活自己，要这么多钱做什么呢？放在屋里，又怕它丢了；做大买卖，我们又没有那个能力和兴趣，所以还是还给你吧！”

姐姐非常不理解，但还是收回了钱。第二天，当她再次经过豆腐坊时，里边又传出了小夫妻俩的歌声。这时，她似乎知道为什么妹妹过得比自己幸福了。

听完这个故事，可能也有些人有所感悟，的确，金钱、权力、地位都不是我们幸福的源泉，换个思维方式，专注体会身边的幸福生活，并不断感悟，我们的幸福指数才不断上升。

从现在起，我们不妨摒弃消极悲观的态度，多从积极正面的角度审视人生，并为生活中的“小幸福”而欢呼，那么，我们眼里的一切都将是美好的：清晨醒来，你便不会再为忙不完的工作而烦恼，而是看到晨曦斜照、小鸟鸣啾，你呼吸到的每一口空气都是那么的清新；在一场缥缈的秋雨之后，你站在宽大的窗前，你感受到的也并不再是凉意，而会看到晶莹的雨珠从树枝上滑落，雨洗后的草坪愈加葱郁和青翠，孩子们快乐地在上面嬉戏、打闹的时候，你也能感觉到生活的惬意与美好。的确，幸福常常是如此简单，简单到一句话、一首诗、一个清晨、一个问候、一个场景，简单到我们日常生活中的点点滴滴，都无不蕴藏着幸福。我们要为每一次日出和草木无声的生长而欣喜不已；我们要重新向自己喜爱的人敞开心扉；我们要热情地置身于家人、朋友之中，彼此关心，分享喜悦。

总之，我们若想忘记不快，得到幸福，就要学会转换思维，用积极的眼光看待问题，发现生活中细腻的幸福，生活越简单，幸福快乐越多。我们需求的越少，得到的自由就越多。多一分舒畅，少一分焦虑；多一分真实，少一分虚假；多一分快乐，少一分悲苦，这就是简单生活所追求的终极目标！

第4章

大部分人的努力程度都远远不够

生活中，我们都有自己的梦想，梦想对于我们行为的指导意义已经毋庸置疑，但真正实现自己梦想的人却很少，大部分人以失败告终。为此，不少人感叹，为什么我这么努力还是没结果？其实没有什么原因，因为你努力不够，你没有做到不遗余力，你的坚持不足。因此，人生路上，无论怎样，我们时刻都要坚信自己，付出不亚于任何人的努力，并且坚持下去，才能成就强大的自己。

没有什么原因，只是你没有竭尽全力

人生在世，几乎每个人对于人生都有自己的梦想和渴望，也对未来怀着憧憬。然而，成功者极少数，大部分人还是失败了。为什么呢？不少人会说，我智力不足、能力不佳等，而其实，唯一的原因就是你没有做到竭尽全力，要知道，没有人能随随便便成功，拼的就是一个人的耐力，因为成功之路绝非一帆风顺，那些已经实现人生梦想的成功者，无一不是在人生路上不断奋斗和努力，最终超越人生困境、迈过人生坎坷的。他们很清楚，有梦想只是起航人生的第一步，随之而来的是必须把梦想变成现实，勇敢地迈出实现梦想的第一步，这样的人生才能不再晦暗，未来也才充满光明和希望。

因此，生活中的人们，如果你想获得成功，无论做任何事，都要有全力以赴的精神，做到不抛弃、不放弃。

老亨利是一家大公司的董事长，他是个和蔼的老人。有一次，产品设计部的经理汤姆向老亨利汇报说：“董事长，这次设计又失败了，我看还是别再搞了，都已经第九次了。”汤姆皱着眉头，神情非常沮丧。

“汤姆，你听我说，我让你来设计，就相信你能成功。

来，我给你讲个故事。”老亨利吸了一口雪茄，开始讲起来：“我也是个苦孩子，从小没受过什么正式教育。但是，我不甘心，一直在努力，终于在我31岁那年，我发明了一种新型的节能灯，这在当时可是个不小的轰动呢！但是，我是个穷光蛋，想要进一步完善产品需要一大笔资金。我好不容易说服一个私人银行家，他答应给我投资。可我这种新型节能灯刚一投放市场，其他灯的销路就被阻断了，所以就有人暗中阻挠我成功。可谁也没想到，就在我要与银行家签约的时候，我突然得了胆囊症，住进了医院，大夫说必须马上做手术，否则就会有危险。那些灯厂的老板知道我得病了，就开始在报纸上大造舆论，说我得的是绝症，骗取银行的钱来治病。结果，那个银行家不准备投资了。更严重的是，有一家机构也正在加紧研制这种节能灯，如果他们抢在我前头，我就完蛋了！我躺在病床上简直是万分焦急，最后只能铤而走险，不做手术，如期地与那个银行家见面。

“见面前，我让大夫给我打了镇痛药。和银行家见面后，我忍住剧烈的疼痛，装作没事似的，和银行家谈笑风生。但时间一长，药劲过去了，我的肚子就像刀割一样疼，后背的衬衣也让汗水湿透了。可我仍然咬紧牙关，继续周旋。我当时心里就只剩下一个念头：再坚持一下，成功与失败就在能不能挺住这一会儿！病痛终于在我强大的意志力下低头了，最后我终于取得了银行家的信任，签了合约。我在送他到电梯口时脸上还带着微笑，并挥手向他告别。但电梯门刚一关上，我就扑通一下倒在地上，失去了知觉。提前在隔壁等我的医生马上冲过来，用担架将我抬走。后来据医生说，我的胆囊当时已经积脓，相当危险。知道内情的人无不佩服我这种精神。我呢，就靠着这种精神一步步走到现在。”

汤姆被老亨利的故事感动了，他感到万分惭愧。和董事长相比，自己遇到的这点压力算什么呢?

“董事长，您的故事让我非常感动，从您身上我真正体会到了再坚持一下的精神。我非常感谢您给我的鼓励和提醒。我回去再重新设计，不成功，誓不罢休。”汤姆挺着胸，攥着拳，脸涨得通红，说话的声音有些颤抖。

事实是最好的证明，在试验进行到第十二次的时候，汤姆终于取得了成功。

任何人、任何事情的成功固然有很多方法，但最根本的就是需要坚持。当我们面临考验之际，往往以为已经到了绝境，但此时，不妨静下心来想一想，难道真的没有机会了吗？当然不，只要你不放弃、不遗余力地去做，你会发现，你所经受的只是一个考验，考验过去就是光明，就是成功。

生活中的人们，在你追求成功的过程中一定充满了挫折与失败。挫折是生活的组成部分，你总会遇到。世间的万事万物，无一不是在挫折中前进的。即使是灾难也不足以让你垂头丧气。有时候，可能一次可怕的遭遇会使你备受打击，认为未来都失去了意义。在这种情况下，你必须相信：灾难中也常常蕴含着未来的机遇。

奥斯特洛夫斯基说得好："人的生命似洪水在奔腾，不遇着岛屿和暗礁，难以激起美丽的浪花。"如果你在失败面前勇敢进攻，那么人生就会是一个缤纷多彩的世界。也正如巴尔扎克的比喻："挫折就像一块石头，对弱者来说是绊脚石，使你停步不前，对强者来说却是垫脚石，它会让你站得更高。"

生活中的人们，如果你已经成功了，你要由衷感谢的不是你的顺境，而是你的绝境。当你陷入绝境时，就证明你已经得到上天的垂爱，将获得一次改变命运的机会。如果你已经走出了绝境，回首再看看，你会发现，自己要比想象的要伟大、要坚强、要聪明。

盯住一个目标不放弃，坚持下去

在大多数人看来，成功青睐于那些聪明的人。事实上，人和人就资质而言，都是差不多的，真正决定一个人是否能有所成就的，是他的后天的努力。人的时间、精力有限，让有限的时间、精力造就人生最大的成功，就必须专心致志，要拣对成功价值最大的事情去做。选择自己的目标，踏踏实实地去做，不要让别人的成功晃花眼睛，而争一时之短、计一时之荣辱，更不要为眼前的蝇头小利所迷惑。重要的是确定自己的目标，其次是坚持不懈。

同样，生活中的人们，如果你想获得成功，也应该有全力以赴的精神，盯住一个目标不放弃，坚持下去。

拿破仑执政时期的亲密同伴勒德累尔这样回忆他："他的一个显著特征是持久的注意力。他能一口气工作18个小时，也许是做一件工作，也许是几件工作轮流做。我从未见过他不顾手头正在做的事情，将注意力转移到即将做的另一件事上。没有任何一个人能像他那样全身心投入工作之中，也没有任何一个人能更好地分配时间去做他要做的一切。"

的确，集中精力才能跑得更快，只有专注于自己的目标，精益求精，才能在平凡的岗位干出别人干不出的业绩。海尔集团总裁张瑞敏说，如果让一个日本员工每天擦6遍桌子，他一定会一丝不苟地每天擦6遍；而我们中国员工第一天会擦6遍，第二天也会擦6遍，可是第三天就会擦5遍，第四天可能只4遍，这就是我们的企业引进许多一流的设备，而产品质量却达不到原装水平的原因。无论做什么事，都要做到永远专注于自己的工作，坚持做到精益求精，只有做到这种程度的人，才能赢得更多的掌声，才能超越自己已有的成绩，让自己的表现永远超越喝彩。

要做到更好，并不一定需要更高明的设计、更尖端的科学。它所需要的，是为了目标心无旁骛、投入所有的时间、发挥所有的才干。世界上许多很有天赋的人最终并没有获得什么成就，相反那些资质平平的人却成就了大事。这是为什么呢？答案很简单，一个资质平平但是却专心致志的人能打败无数个富有天赋但是不肯花心思做好一件事的人。今天这样，明天又那样，这样的人虽然目标很多，但是最终没有一个达成的。其实，专注是一种难能可贵的品质，一种积极的人生态度。事业因专注而成功，人生因专注而美丽。

很小的时候，安徒生就失去了父亲，和母亲相依为命，过着艰难的生活。有一天，安徒生和几个小伙伴一起去皇宫拜见王子，请求王子给予他们赏赐。为了得到王子的赞赏，小小年纪的安徒生卖力地表演着，王子看完他的表演之后和蔼地问："你需要怎样的帮助呢？"安徒生满怀信心地对王子说："我想成为剧作家，而且要去皇家大剧院表演。"

看着眼神忧郁、长相丑陋的安徒生，王子不由得哑然失笑，说："虽然你刚才剧本背诵得很好，但是写剧本可没有这么简单。我建议你学习一门能够养家糊口的手艺，也许比做这样不切实际的梦更好。"然而，安徒生对自己的梦想坚定不移，他非但没有采纳王子的建议学习手艺，反而拿出自己辛苦积攒的钱，辞别妈妈，独自一人去了哥本哈根追求梦想。在哥本哈根，他就像是一个流浪汉那样过着艰难的生活，不但居无定所，而且食不果腹，更是遭到无数贵族的拒绝，但是他从未放弃自己的梦想，而是始终坚持着。他一边艰难地维生，一边坚持创作，尽管不被人们欣赏和认可，也依然持之以恒，从不放弃。终于在1825年，安徒生的几篇童话故事在孩子们中间引起巨大反响，很多少儿读者都盼望着他的新作品问世。就这样，安徒生在自己30岁的时候找到了人生价值，从此笔耕不辍地创作童话作品，最终享誉世界。时至今日，他的经典作品《丑小鸭》《皇帝的新装》等，依然为孩子们所喜爱和传诵，也丰富了全世界孩子的心灵。

假如安徒生当时听了王子的劝告，学习一门能够养家糊口的手艺，那么世界上就会少一位童话大王，孩子们也就少了很多可以代代相传的经典童话作品。正是因为安徒生在艰难的处境下始终坚持不懈地努力，从未放弃自己的文学梦想，才能成为举世闻名的童话大师。

人生之中很多事情都不可能一蹴而就，我们更是需要付出坚持不懈的努力，才能看到卓有成效的效果。任何情况下，只要我们足够努力和坚持，人生绝不会辜负我们。当你成为独一无二的自己，你会知道一切坚持都是值得的。

成大事者一旦立定人生目标，就点滴积累成功资源，一步一步向目标迈进。滴水足以穿石。一生干好一件事，这个标准乍看似乎不高，但细想想，要真正干好一件有意义、有价值的事，也不是那么简单的。达尔文忙活了一辈子，也就创立了“进化论”；麦哲伦终身的杰作，无非是证实了“地球是圆的”。一次只做一件事，全身心地投入并积极地希望它成功，不要让你的思维转到别的事情、别的需要或别的想法上去。为了你已经决定去做的那件事，放弃其他所有的事。

生活中的人们，从现在开始还来得及，每天努力一点，即使只是一个小动作，持之以恒，都将是明日成功的基础。成功不在于做许多事情，而在于专注。把你的全部精力集中到工作中去，就是顺利完成一件事的最大秘诀。无论做任何事，都不要祈求太多。只要付出全部的精力，以一往无前、专心致志的精神去努力追求真正的价值，你就会有所收获。

成功要付出不亚于任何人的努力

人生在世，要有一番成就，就必须要有目标，这是毋庸置疑的，但是实现目标并不容易，需要我们付出不亚于常人的努力，然而，努力了并不一定就有收获，这一过程中，也许你会感到困惑、迷茫，甚至是绝望，但无论如何，都不能放弃，我们只要坚持不懈地继续努力，就能看到希望，最终实现目标。

然而，我们发现，现实生活中的很多人，他们认为自己当下的工作根本谈不上“惊天动地的事业”，于是，他们总是渴望拥有一份更能发挥自己能力与价值的工作，对自己的本职工作便心不在焉。而实际上，热爱我们的工作并做到专心致志、全力以赴，是每个社会人的职责，也是让自己快乐的源泉。当我们死心塌地地对待我们所做的工作时，就能产生火热的激情，它能让我们每天在工作中全力以赴。久而久之，持续地努力付出自然会有回报，你将因出色的表现获得巨大成就。

的确，某些看起来平凡的、不起眼的工作，只要我们能坚韧不拔地去做，坚持不懈地去做，那么，这种持续的力量就能帮助我们获得事业的成功。

当然，在坚持的过程中，你可能也会遇到一些压力和困难，但我们要明白的是，此时你更应该有超强的意志力，再坚持一下，也许转机就在下一秒。正如巴甫洛夫所说的：“如果我坚持什么，就是用炮也不能打倒我！”

美国大富豪洛克菲勒在给儿子约翰的信中说：

“老实说，我是一个不服输、坚持到底的人，从小我就想成为巨富。对我来说，我受雇的休伊特·塔特尔公司是一个锻炼我的能力、让我一试身手的好地方。它代理各种商品销售，拥有一座铁矿，还经营着两项让它赖以生存的技术，那就是给美国经济带来革命性变化的铁路与电报。它把我带进妙趣横生、广阔绚烂的商业世界，让我学会了尊重数字与事实，让我看到了运输业的威力，更培养了我作为商人应具备的能力与素养。所有的这些都在我以后的经商中发挥了极大效能。可以说，没有在休伊特·塔特尔公司的历练，在事业上我或许要走很多弯路。”

人类拥有巨大的潜能，而这种潜能的激发很多时候都来自一种强烈的追求，来自不懈的追求，来自永远不停止的脚步。生活总是这样，如果我们不努力，那越来越多的机会就会与我们擦肩而过，我们只能懒散地落在后面，眼睁睁看着别人迎接成功。

不管遇到什么困难，只要风雨无阻并相信自己能成功，就一定能迎来曙光、迎来成功。相反，我们老在前进的道路上给自己设置重重的心理障碍，总是让自己刚迈出的脚步又退回原点，那么又如何战胜压力走向终点呢？抱着一种不怕输、不认输的精神，有一种失败后再坚持一下的勇气，那么最终肯定能获得成就。

事实证明，任何一个取得成功的人，都是付出了超乎常人的努力。一个人要想获得人生的幸福，那么每一天都应该勤奋工作。付出不亚于任何人的努力是一个长期的过程，只要坚持就一定能够获得不可思议的成就。

你以为的“一夜成名”，都是努力到极致的结果

在现今这个信息社会，随着网络技术的发达和新媒体的盛行，我们时常在一梦醒来，突然发现某人一夜成名，成为名人，而且有了让世人羡慕的成就。我们感叹：我们怎么没有这么好的命运，我们那么努力，为什么得不到回报？其实，我们看到别人的一夜成名，只是一种假象，只是一种结果，究其原因，我们从未看到过他人在成名之前的付出，所以就误以为他们是一夜成名。现实情况却是，这个世界上没有任何真正的一夜成名，每个人在一夜成名之前，必然付出了极致的努力。例如那些舞蹈家、歌手，我们只看到他们在舞台上的光鲜，而看不到他们的努力，“台上一分钟，台下十年功”，他们看似一夜成名，其实在成名之前，他们的付出和努力是我们常人无法想象的。

被拒绝了1000次之后，还敢去敲1001次门的席维斯·史泰龙就是靠毅力走向成功的。他在未成名之前，身上只有100美元和一部根据自己悲惨童年生活写成的剧本《洛奇》。他怀揣着梦想，挨家挨户拜访好莱坞所有的电影公司，但遗憾的是，没有一家公司愿意录用他。

当时好莱坞有500家电影制片公司，史泰龙就被拒绝了500次。面对500次的拒绝，他没有灰心，他坚信，胜利就在下一秒。

于是，他开始了第二轮的拜访，从第一家公司开始，但结果依旧如前。再一次的打击依然没有打倒史泰龙。他没有放弃希望，他把1000次的拒绝当作绝佳的经验。接着他又鼓励自己从1001次开始。后来经过多次上门求职，总共经历了1855次严酷的拒绝，终于有一家电影制片公司同意采用他的剧本，并聘请他担任自己剧本中的男主角。

史泰龙的成功，更加证实了坚持的道理。朋友们，不要只看到成功者的荣耀和光环。要想让自己获得进步，我们更应该发愤努力，这样我们才能在流过汗、流过泪之后，有权利赢得自己想要的生活。除了要付出努力之外，我们还要学会坚持。很多人之所以总是与失败结缘，就是因为他们总是半途而废。要知道，任何成功都不是一蹴而就获得的，通往成功的道路是漫长的，通往成功的道路也必然艰辛。我们唯有不遗余力地战胜困难，挑战和超越自我，才能获得别人眼中的“一夜成名”。

有时某些人看似一夜成名，但是如果你仔细了解他们的历史，就知道他们的成功并不是偶然得来的，他们早已投入无数心血，打好坚固的基础了。那些暴起暴落的人物，声名来得快，去得也快。他们的成功往往只是昙花一现，并没有深厚的根基与雄厚的实力。

因此，生活中的每个人，别再抱怨自己运气不佳，别再抱怨自己没有得到命运的青睐，在关注成功者时，我们与其关注成功者的光环和荣耀，不如更用心地了解成功者曾经的努力和奋斗。要知道，我们唯有不懈努力，与命运博弈，才能迎来人生的契机。

第5章

现在的每一天，都是不进则退

我们都知道，现代社会处于知识大爆炸的时代，知识更新的速度前所未有之快。如果在时代的洪流中我们不能保持前进的速度，就会导致自己逆水行舟，不进则退。因此，在这种情况下，每个人都应该养成每天学习、终身学习的好习惯。唯有如此，我们才能更加与时俱进。

如拿破仑一样强烈的野心你有吗

提到野心，不少人认为它是一个贬义词，是不阳光、不正面的。其实，野心是与梦想、理想相关联的，并且比梦想、理想更具体，如想当政治家、将军是理想，想当总统、军长则是野心；与上进心、进取心相比，目标更远大，如想当主管叫进取心，想当总经理就是有野心了。如果说努力是为了让自己的才华赶上野心，那野心的存在却是促使自己不断努力的基石，所以说，野心是让我们努力比昨天更优秀的驱动力。

美国历史上伟大的总统罗斯福，从小就患有小儿麻痹症。这样一个人，他通过比常人更加艰苦努力的奋斗，在美国获得广泛的人心与支持，成为美国历史上唯一一位连任四任的总统，四次实现了孩提时的野心！有梦想，就应该有野心。伟大的人物在野心的催促下成其伟大，对于普通人来说，野心的力量又如何呢？

一项调查报告显示，野心，在成功人士身上得到了淋漓尽致的体现！成功者的一个共同的特点，就是都有着自命不凡的心态和野心！“世界最优秀的人才是我们！”“我能成为世界上最大、最好的公司的CEO（首席执行官）！”这种野心，成为其宝贵财富。

生活中的人们，从现在开始，不妨具备一点野心吧，有了获胜的念头，才有可能获胜，一个没有胜利欲望的人，又怎么可能获得胜利呢？

不断超越，下一次会更好

我们都知道，现代社会对人才的要求越来越高。任何一个人，都必须有不断学习和不断进步的意识，即使你已经小有成就，也不能骄傲自满。而应该在心中告诉自己，这次还不是最棒的，还有下一次，下一次一定会做得更好！

其实，那些成功者之所以优秀，也就是因为他们能做到不断超越，从不自满。

列夫·托尔斯泰说：“一个人就好像是一个分数，他的实际才能好比分子，而他对自己的估价好比分母，分母越大，则分数的值越小。”现代社会，任何一个人，只有认识到自身知识的局限，才能认识到学无止境的含义，才能放开眼界，不断地吸收新的知识。

球王贝利不知踢进过多少个好球。他那超凡的球技不仅令千千万万的球迷心醉，而且常常使场上的对手拍手叫绝。有人问贝利：“你哪个球踢得最好？”

贝利回答说：“下一个。”

当球王贝利创造进球满1000的纪录后，有人问他：“你对这些球中的哪一个最满意？”

贝利意味深长地回答说：“第1001个。”

没有最好，只有更好。不要放松自己前进的步伐，我们要明白，我们永远是在逆水行舟，不进则退。

的确，无论做什么，都要不断进取。这样，在今后的求学和人生道路上，你就能处处做到最好。

只有不断地去超越，生活才会充满希望和乐趣。中国有句老话：“百尺竿头更进一步。”即便到了百尺竿头的顶端，赢得了很大的成就，也不能骄傲自满，而是继续努力、再接再厉，去赢得更大的胜利。不管是在生活中还是工作中，只有会超越自己的人才会胜利，当你找到了超越的目标，不论你向前进步了多少，哪怕只是一点点，只要你勇往直前、永不退缩，就是勇者之人。生活中，有的人太自满，认为自己做得不错，就适可而止。其实，这还远远不够，不满足的是向上的车轮，即便你有多么优秀，也不要停止下来，因为人生是没有顶峰的。

在科学技术飞速发展的今天，信息更新周期已经缩短到不足3年，在我们每个人的身边，都伴随着危机，只有如饥似渴地去学习、学习、再学习，才能使自己丰富和深刻起来，才能不断实现自我完善和超越，才能赢得灿烂的明天和成功的未来。

总之，我们任何一个人，都要有不断进取的决心和不断学习的意识，你只有不断地学习、不断地进取，才能获得新知识，增长新才干，夺得新的成功。不断进取，永不满足，生存的过程就是一个不断自我超越的过程。

人生没有顶峰，绝不停止前行的脚步

我们都知道，21世纪是充满机遇和挑战的时代，任何一个希望获得成功的人都不能故步自封，要知道，人生是没有顶峰的，即便现在你已经有所成就，也不能停止前行的脚步。否则，你只能在自己给自己限定的舞台上越来越渺小。没有舞台的演员就像被缴械的军人，被剥夺了笔的画家，成功离他只会越来越远。

英国新闻界的风云人物、伦敦《泰晤士报》的老板来斯乐辅爵士，在刚进入该报工作时，就不满足于90英镑周薪的待遇。经过不懈的努力，当《每日邮报》已为他所拥有的时候，他又把取得《泰晤士报》作为自己的努力方向，最后他终于猎狩到他的目标。

来斯乐辅爵士一直看不起生平无大志的人，他曾对一个服务刚满三个月的助理编辑说：“你满意你现在的职位吗？你满足你现在每周50英镑的周薪吗？”当那位职员答复已觉得满意的时候，他马上把他开除，并很失望地说：“你应了解，我不希望我的手下对每周50英镑的薪金感到满足，并为此放弃自己的追求。”

不想当元帅的士兵，不仅永远当不上元帅，更无法成为一个好士兵。没有大目标的人就如井底之蛙一般没有远见，只会待在自己的一井之底。有些人之所以达不到自己孜孜以求的目标，就是因为他们的主要目标太小，而且太模糊不清，使自己失去动力。

生活中的每个人，都应该认识到进取心和志向在人生中的重要性，如果你能做到不断挑战自己，那么，你就是一个勇者。研究表明，芸芸众生中，真正的天才与白痴都是极少数的，绝大多数人的智力都相差不多。然而，这些人在走过漫长的人生之路后，有的功盖天下，有的却碌碌无为。本是智力相近的一群人，为何他们的成就却有天壤之别呢？答案就在于他们志向大小的不同。

我们生活的世间，本来就是不断变化的，这对于那些只知道守着规则过活的人来说，到处都是难以跨越的鸿沟，处处都有无法突破的阻力。只有善于思考、巧于变通的人才是有创造能力的人，对于善于变通思考的人来说处处都充满了机会。

的确，未来社会，如果你不能积极进取，你就将会被社会淘汰，成为落后者。如遍布地球的恐龙就是难以适应变化的庞然大物，最终灭迹于地球。人也是一样，如果没有适应环境的本领，情绪将陷入迷茫，生活将会处在一种障碍重重的境界。

与时俱进，在变化中寻找机会

现代社会，可能我们每个人都发现，在我们周围的人时时刻刻都在寻求变通，所不同的是，善于变通的人越变越好，而不善于变通的人却是越变越差。我们只要掌握变通之道，就会应对各种变化，在变化中寻找机会，在变化中取得成功。

生活中，我们常听他人说“与时俱进”这一词，也就是说，我们在做人做事时，要懂得变通，毕竟我们所生活的时代每天都在变化，守旧的思维模式只能让我们被时代抛弃。事实上，自古以来，人类的进步就是因为能做到与时俱进，能做到思维的创新，可以说，人类如果故步自封，就只会停滞不前。同样，作为单个人，能不能做到思维上的与时俱进，直接关系到一个人的事业成败，因为只有创新才能激活自己全身的能量。

有人说，生活其实就是一面变幻莫测的魔镜，看你想如何变。如果你总是想着生活不如意，那么不顺心的事就会像妖魔出洞一样向你袭来。如果你能适应变化的环境，调控好自己的情绪，魔镜将使你摆脱挫折、越过障碍、远离烦恼。迎接你的将是灿烂的阳光，美丽的鲜花。你的心情也将会随之轻松愉悦。

生活中的人们，如果你希望自己能适应现在的工作、生活乃至整个社会环境，你需要明白“适者生存”这个道理，并要积极思考，随时调整自己。只有这样，你的梦想和目标才会在社会大潮中成活，你才会收获成功和幸福！

中国地质学家李四光曾说过：“一些陈旧的、不结合实际的东西，不管那些东西是洋框框，还是土框框，都要大力地把它们打破，大胆地创造新的方法、新的理论，来解决我们的问题。”马克思也曾说：“哲学家们只是用不同的方式解释世界，问题在于改变世界。”的确，在漫长的人生旅途中，每个人不能不面对变化，不能不面对选择。学会变通，不仅是做人之诀窍，也是做事之诀窍。那么，生活中的我们，应该怎样做到与时俱进、提高自己的思维变通能力呢？

1.用知识解放思维

人与人之间没有太大的差别，只是思维方式的不同。成功的人为什么成功，失败的人为什么失败？成功者就是因为他们与众不同的思路。因此，如果你能做到摆脱思维的狭隘性，那么，你就具备了成功的潜能。

2.关注前沿信息，更新观念

我们在工作的同时，也要关注时事新闻，关注周围世界的变化，这样，才能逐步更新自己的观念和强化自己的变革意识。

3.学会变通要有勇气应对变化

勇气的作用就是调动起自己全部的能力去迎接变化和挑战。一个人想学会变通，首先必须鼓气勇气，勇气是人的一种非凡力量。它虽然不能具体地去处理某一个问题、克服某一种困难，但这种精神和心态却能唤醒你心中的潜能，帮助你应对一切变化和困难。

4.学会变通，要有信心开发潜能

所谓信心，就是一种心态潜能。也就是说你是一个充满信心的人，你有信心克服困难，有信心获得成功。那么，你身上的一切能力都会为你的信心去努力，你也就有可能成为你希望成为的那样；反之，如果你缺乏信心去努力，总以为自己没有能力去做这一切，那么，你的一切能力也就会随之沉寂，自然你就成为一个没有能力的人。

5.学会变通要善于改变自己的思维定式

人的思维方式，常常出现两大定式：一是直线型，不会拐弯抹角，不会逆向思维和发散思维；二是复制型，常以过去的经验为参照，不容易接受新鲜事物。

总之，我们要认识到，这个世界上没有任何事是一成不变的，生命在不断向前，我们生活的世界也是如此，为此，我们必须做到与时俱进，调整好自己。一个人只有以积极的、阳光的心态看待周围的人和事，才能拥有快乐的心情，这就需要我们学会转换思维，时时心存感激不忘欣赏生活的美好，保持均衡的生活，让每一天都过得有意义。

时刻学习，提升自己的竞争力

不管是在生活中还是在职场上，我们都认识到竞争的激烈，只有提升自己的能力，才能提升竞争力，才有话语权，因此，我们可以说，你的价值，决定了你的身价。如何提升自己的价值呢？在很多人的心目中，自我提升就是去学习，去自修一个更高的学历。其实，提升自我价值并非是如此片面的事情。因为人应该全方位发展，而决定我们身价的并非只有学历，因而，我们应该从多方面提升自己，既包括学历、知识、内涵，也包括仪表、价值、心态、工作能力和社交能力等。总而言之，自我价值应该符合社会对人才的多元化要求，也应该符合我们自身的情况。现实生活中，很多人都以自我为中心，一旦自身价值受到损害，就会抱怨连天，抱怨命运不公，抱怨他人的阴谋诡计，却唯独忘记从自身出发，考虑问题究竟出在哪里，如何才能更好地弥补损失。

小丽进入公司已经三年多了，但是最近在公司内部的竞聘中，原本志在必得的她，却败给一位新手——刚来公司一年不到的小王，错失办公室主管的位置。其实，论经验和能力，小丽都不比小王差，最重要的是，小丽的工作经验也更丰富。思来想去，小丽觉得心有不甘，因而特意找到负责招聘工作的刘总，问清楚了原因。

原来，小王在进入公司之后，就报名参加了提升学历的自学本科课程，而且是人力资源管理专业，再有一年就毕业了。因而公司领导从长远考虑，觉得小王更适合办公室主管的职位。和小王相比，小丽的专科学历和文秘专业则显得薄弱了些。

了解原因之后，小丽不再感到愤愤不平，而是深刻反省自己，觉得自己在学习意识方面，没有做到更加积极主动地提升。为此，她痛定思痛，也报名参加了业余本科的学习，专业是财务管理。原来，小丽一直对财务方面的工作很感兴趣，因而她准备在学历提升之后，申请进入财会部门工作，从而给自己更大的发展空间。这件事情更使小丽深刻意识到，一个人的身价取决于他的价值，而价值的提升是应该从多个方面进行且要与时俱进、持续不断。因而，她决定在未来的工作中始终保持学习的状态，也要注意从多方面提升自己的价值，这样才能增加自己竞争的筹码。

事例中的小丽，之所以失去竞争的优势，就是因为她的学习意识不够强烈，在学习上缺乏主动性。幸好，在知道问题的所在之后，她马上调整心态，积极地投入学习，极力缩短自己与小王之间的差距，为下一次的竞争储备能量。

一个人的身价，无疑是他在职场上竞争的筹码。不少人认为自己学历高，或者资历深，就觉得自己一定占据竞争的优势，其实不然。现代职场就是一个激烈的竞争市场，考验一个人多方面的素质，除了讲究学历之外，也会讲究经验、人际交往能力、合作能力等。因而，我们除了像小丽一样保持积极的学习态度之外，还要注意从各个方面提升自己。

的确，在瞬息万变的当今社会，真正的危险不是经验的不足，而是故步自封，跟不上时代的步伐。一个人要想成功，勇气、努力都必不可少，但更重要的是，人生路上要懂得与时俱进，要懂得不断收集各种资讯，使自己对环境和追求的事业的方向有更充分的了解。因为一个人只有了解得越多，才越有应变的能力。

同样，在追求梦想的过程中，我们也只有稳扎稳打学好各种知识，才能从容地面对各种挑战。否则，只顾吃喝玩乐、不干正事、不务正业，那么，只能“书到用时方恨少”“少壮不努力，老大徒伤悲”了。

另外，在学习的过程中，你还要有善于总结的习惯，无论学习的效果怎样，只有做到及时总结，才会及时反省，尤其是对于错误和失败。要知道，成功出于自错误中学习，因为只要能从失败中学得经验，便永不会重蹈覆辙。失败不会令你一蹶不振，这就像摔断腿一样，它总是会愈合的。大剧作家兼哲学家萧伯纳曾经写道：“成功是经过许多次的大错之后得到的。”总之，对于学习，你只有与时俱进，以高标准的要求和精益求精的态度，聚精会神抠细节，才能实现突破。

当然，学习知识并不是要求你要死读书，一味地沉溺于书本知识只会使你的大脑变得僵化。

世上没有绝对的成功，只有不断的努力，才能让你的成功之路走得更快、更远。生活中的人们，从现在起努力吧。一个人的工作也许有完成的一天，但一个人的学习却没有终止。

总之，终身学习能帮助我们不断拓展自己的学习领域，开阔自己的知识视野。孔子说：“好学近乎知（智）。”学习是一种习惯，终身学习则是一种理念，兴趣是成功的一半。一个人一旦树立起终身学习的理念，就会认同“万事皆有可学”这个道理。伟大的成功和辛勤的劳动总是成正比的，有一分劳动就有一分收获，日积月累，奇迹就可以创造出来。这是绝对的真理。只有勤奋才是最高尚的，才能给人带来真正的幸福和乐趣。我们要坚定“奋斗不息，学习不止”的信念，日复一日，沿着知识的阶梯步步登高，养成丰富自己、重视学习的习惯。

第6章

做一个对自己有要求的人

我们都知道，任何一个成功者都严于律己，这是一种强有力的自制力。自制力是成功和幸福的助力、保障，同时也是一个人性格坚强与否的重要标志。我们每一个人都要记住一点，人生只属于自己，一味遵循他人的思想，不敢面对真理是懦弱的表现，这样的人生是悲哀的。我们应该成为主宰自己命运的人，走自己的路，走出自己的风格，走出自己的个性，我们的人生才会是独特的，才会是精彩的。

多改变自己，少埋怨环境

我们都知道，在现实的生活中，人们都有坏情绪，而此时，“救星”—— 抱怨就出现了。抱怨可以让我们内心的不满稍微减轻一些，但很多人似乎理解错了抱怨的含义，它绝非人生主要的生存形式。更多的时候，在抱怨不满时，应该做适当的反省。为什么自己会有这样那样的不满？是不是因为自己做得不够好？从这些方面来说，其实抱怨也可以作为一个加速器，加速自己的成功。只要你能够通过抱怨看到自己的缺点，你就会进步。

事实上，聪明人懂得通过抱怨来反省自己、接纳生活，让生活变得更美好。抱怨自己的人，看到自己的缺点，一定会更加努力；抱怨别人的人，可以将抱怨转化成请求；抱怨运气的人，不如继续向前，化抱怨为动力，幸运之神迟早会被你的努力打动。抱怨其实是为了生活得更美好，为了督促自己更快地达到目标。抱怨其实就是为了不抱怨，只有不抱怨，淡然地接受一切，你才能收获幸福。

同样，处于某种环境下的人们，当你抱怨工作环境太差、薪水不高、命运不好时，为何不反思自身的问题呢？为何不立即行动来改变境遇呢？为何不反思自己做得是否到位、是否有着高效的执行力呢？

作为世界上绝无仅有的用假腿走钢丝的人，安吉尔得到了全世界的瞩目。人们很难相信，究竟是怎样的力量，支撑着这个动过四次手术并且失去右腿的女人，再次勇敢地站在钢丝绳上。1987年8月，安吉尔因为生病进行了相关检查，最终发现右腿踝骨患了癌症，必须从膝盖以下截去。对于一个把走钢丝当成毕生事业的人，这样的打击无疑是非常沉重的，但是安吉尔丝毫没有退缩，更没有绝望。在手术进行4个月之后，身体刚刚恢复的她就用假肢走钢丝，并且获得了成功。然而，命运的魔爪并没有放过这个坚强而又美丽的女人，在此之后的短短几个月里，安吉尔被查出患有肺癌，并且进行了两次手术，把两个肺叶都切除了一半。次年，安吉尔以顽强不屈的精神，再次和丈夫一起走钢丝。经过艰苦卓绝的锻炼之后，她再次独自站在钢丝绳上，进行走钢丝表演。

然而，刚刚过去7个月，安吉尔就被检查出肺癌扩散。医生很担心她无法经受如此沉重的打击，没想到安吉尔得知真相后，却平静地说："放心吧，我不想治疗了，我想回家，利用人生最后的光阴做些有意义的事情。"此后，安吉尔离开医院，带着病弱的身体，依然奋战在杂技舞台上，给人们带来欢乐。

对此，安吉尔说，他只想告诉孩子们，不要抱怨生命中的失去，更不要被动地被命运摆弄，我们唯一要做的就是利用自己拥有的东西，给自己和他人带来快乐。

可见，真正的强者是命运的主宰者，他们从来不甘心被命运折磨，而是一味地迎着命运的狂风巨浪前进，宁愿承受失败的挫折，也不愿意被动地等待命运的赏赐。尤其是在遭受磨难时，他们从来不会像弱者一样喋喋不休地抱怨，因为他们很清楚，与其花费宝贵的时间用来进行毫无意义的抱怨，不如从现在开始努力想办法解决问题，哪怕失败了也比止步不前更好，至少还收获了宝贵的经验。

的确，过去的生活，不管如何辉煌和暗淡，都随着时光如流水般逝去。要知道，羁绊于过去，是很难洒脱地走向美好明天的。一个人，只有学会放下对环境的坏情绪，适应环境，才能有意识地改变自己，最终改变命运。

在企业里，总是有一些人对待工作抱有消极倦怠的态度，总是能拖就拖，要问他为何不积极工作，他会反驳："底层员工，就这么点薪水，没热情努力工作。"那么，既然如此，为何不努力工作、成为你羡慕的高层管理者？再如，一些人抱怨自己经济能力差所以没有去找女朋友，那么为何不努力改善经济状况？其实，归根结底我们还是要记住一句话：你改变不了环境，但你可以改变自己；你改变不了事实，但你可以改变态度。

当然，勇于尝试需要人们有一种开拓进取的精神，鲁迅先生曾经说过，其实地上本没有路，走的人多了，也便成了路。所以他十分赞赏“第一个吃螃蟹的人”，欣赏那些在人类前进道路上披荆斩棘的人。

总之，任何不满意现状的人都必须懂得：多改变自己，少埋怨环境。正如一句名言所说的：“如果你认为你处在恶劣的环境中，那么请好好地修炼，练好内功，等待爆发的日子。”

你的优秀与成就，只能代表昨天

很多人都觉得自己很棒，然而，王婆卖瓜自卖自夸是不行的。我们只有做到真正的优秀，实现自己的目标，达到成功的标准，才是真的棒。优秀，不是仅凭三寸不烂之舌说说就行的。优秀，是对于生活的一种态度，也是我们对于自己的定义。你应该问问自己：我真的很棒吗？这份优秀已经足够了吗？

常言道，人外有人，天外有天。一个人如果有能力，那么他的优秀也必然是无止境的。很多科学家，终其一生都在进行科学研究，他们不停地超越自己，努力攀登科学的高峰。他们，是真正的优秀，是无止境的求索者。和他们相比，很多人把自己定义为优秀是很可笑的。他们就像井底之蛙，从来没有看过外面的天空。随随便便就把自己定义为优秀，却不知道还有很多比他们更优秀也更努力的人，都非常低调。

从另一个角度来说，即使你已经足够优秀，也是不够的。因为一个人要想获得成功，不但要很棒，还需要为自己制订明确的目标。仅仅有目标也还是不够的，还要时刻牢记目标。一个人，只有足够棒，并且有明确的目标，而且有自信和勇气，才具备成功的基本条件。这几个方面，对于成功而言都是缺一不可的。

在这几个方面，勇气和自信的获得无疑是最难的。其实，有很多时候形式主义的东西也能转化为实实在在的力量。例如，我们每天早晨起床，可以告诉自己：我很棒！我是最优秀的！我一定能够战胜困难！我一定能够获得成功！和每天都对自己进行积极的心理暗示的人相比，那些自卑怯懦的人，从气势上就先输了。奋发向上的心，是我们面对磨难和挫折的勇气，也是我们奔向目标的恒久动力。

在茫茫人海中，要想脱颖而出，显然不是一件容易的事情。这就要求我们，不但要确信自己是最棒的，还要时刻告诉自己是最棒的，从而满怀欣喜、鼓足勇气地奔向自己的目标，实现自己的梦想。很多时候，我们因为忧虑止步不前，却不知道禁锢我们的并非外界，而是我们的内心。只有勇敢地去尝试，生命才能创造奇迹。

绝不为自己找任何放纵自己的理由

俗话说："学好千日不足，学坏一日有余。"坏习惯、自由散漫一学就会，而严守纪律、严格约束自己则要困难得多，这个规律就被称为"下坡容易定律"。这个定律提醒我们：如果要想成为一个有用的人，要想有所作为，就一定要严格要求自己，付出艰辛的努力；假如我们习惯于贪图享乐，就很容易使自己懒散堕落，最终一事无成，甚至有可能步入歧途。

当自己没有了约束，那么你就会不断地放纵自己，直到毁灭的那一天。生活对于我们而言，每天都充斥着未知的诱惑，可能是金钱与地位，可能是享乐与欲望，但是，当你深陷其中的时候，是否察觉到人生已经开始走下坡路了呢？

哲人说："贪图享乐是厄运的源头，克制好自己的欲望，做好自己的事情，才能平平安安地度过自己的人生之旅。"为此，我们每个人都要随时警惕自己的行为，不要让自己踏上贪图享乐之路，无论是欲成大事者，还是一个普通的人，在任何情况下都不要放纵自我。当然，这需要坚强的意念。

一个人的意念可以控制调节一个人的心理状态。自制力，很大程度上就表现在意念控制上。对此，我们需要掌握这方面的两种训练方法：

1.自我暗示

积极的自我暗示可以使自己获得信心，进而提高自制力。但是，消极的自我暗示却正好相反。自我暗示最好在似睡非睡的状态进行。在你从事紧张活动之前，使自己进入安静舒适、昏昏欲睡的松弛状态，然后反复默念一些建立信心、给人力量的话，是不会没有作用的。

2.自我激励

无论干什么，全靠自觉。自觉往往指的是自己获得一种动力去积极行动。怎样才能获得一种动力去积极行动呢？这就要学会自我激励。自我激励即给自己提出任务，自己给自己奖惩，自己命令自己，自己做自己的司令员、指挥员。自我激励的方式有：

（1）制订切实可行的计划，安排好必须做好与可做可不做的事情，然后给自己做出奖惩规定。

（2）写出座右铭，时时勉励自己。

（3）常写日记，在日记中进行自我监督。

（4）口头命令。每遇困境或身临危急之时，要学会自己指挥自己。通过口头命令，可以组织自身的活动，获得精神力量。不妨训练一下，定会获益。

能战胜敌人，更要战胜自己

古人云："天将降大任于斯人也，必先苦其心志，劳其筋骨，饿其体肤，空乏其身，行拂乱其所为，所以动心忍性，增益其所不能。"那些成大事者，都有"动心忍性"的自制力，使其能守得云开见月明，走出逆境。自律就是自我管理、自我控制；自律就是战胜自我、超越自我。金无足赤，人无完人，人最大的敌人是自己。只有能够战胜自我的人，才是真正的强者。

对于约翰尼·卡特来说，即使自己的梦想实现了，人生的挑战还没有结束，在几年的巡回演出过程中，卡特的身体被拖垮了。每天晚上，卡特都需要借助安眠药才能入睡，而且，还需要服用兴奋剂来维持第二天的精神状态。逐渐地，卡特沾染上坏习惯，酗酒、服用催眠镇静药和刺激兴奋药物，坏习惯越来越严重，导致他对自己失去控制能力，在以后的日子里，他不是在舞台上就是在监狱里。

有一次，卡特从一所监狱刑满出狱的时候，一位行政司法长官对他说："约翰尼·卡特，今天我要把你的钱和麻醉药还给你，因为你比别人更明白你能充分自由地选择自己想干的事。这就是你的钱和麻醉药，你现在就把这些药片扔掉吧，否则，你就去麻醉自己、毁灭自己，你自己做出选择吧！"卡特一瞬间醒悟了，他选择了生活，他找到私人医生，痛下决心戒掉坏习惯，医生不太相信他："戒毒瘾比找上帝还难。"卡特决心"一定能找到上帝"，他开始了漫长的戒毒之路，卡特将自己锁在卧室闭门不出，忍受着巨大的痛苦。当时，在卡特面前的有麻醉药的引诱，有奋斗目标的呼唤，卡特选择了奋斗，漫长的9个星期过去了，卡特回归了久违的生活。重返舞台，卡特成为著名的灵魂歌手。

一个人想要征服世界，首先要战胜自己。在日常生活中，一些人很容易陷入自我享乐的泥潭而无法自拔，沾染上一些坏习惯，整个人变得颓废不堪。学坏总是那么容易，而要想学好却是难上加难，为了避免自己一不小心"犯错"，我们应该时刻警惕自己的行为，努力向上，然后欣赏别样的风景。

的确，在我们的工作和生活中，自律在很多方面都发挥着巨大的作用：它能督促自己去完成应当完成的任务；能抑制自己的不良行为，如贪婪、懒惰；能缓解不良情绪，如冲动、愤怒、消极；能抵御外界形形色色的诱惑；等等。相反，如果没有或缺少自我控制，不良的行为和情绪就会反过来控制你，你将失去意志力、信心、执着和乐观，失去获得成功的机会，甚至会偏离人生的方向，误入歧途。

生活中，人们之所以会做那些让自己后悔的事，归结起来，大多都是因为自制力薄弱，抵挡不住诱惑。要培养坚定的自制力，首先要从心里认识到自律的重要，然后才能自觉地培养。只有坚决地约束自己、战胜自己，最终才能战胜困难，取得成功。

我们知道，那些取得辉煌成就的人，都是吃了很多苦才成功的，为什么他们自找苦吃呢？是他们以苦为乐吗？其实不然，大家对客观事物的情感体验是大致相同的，没有人早起晚歇地工作而不觉得累的，没有人不觉得娱乐是有趣的，没有人觉得累得腰酸背痛是舒服的，没有人觉得周末睡个懒觉是难受的……“以苦为乐”只是他们帮助自己提高自制力的一种心理暗示方法而已。那么，他们为什么要自找苦吃呢？

其实他们是将目标放在经过一定的苦而获得更大的更长远的快乐上。大部分人的目光只放在眼前，求了一时之欢，却要在之后的日子承受长久的痛苦，“少壮不努力，老大徒伤悲”。成功的人呢，他们“不惜金缕衣”，而珍惜时间；他们坚信“吃得苦中苦，方为人上人”，他们也是趋乐避苦，不过趋的是大乐，避的是大苦。

同样，生活中的人们，如果你希望自己能在日后有所成就，就要锻炼自己的这一品质。一个能战胜自己的人是无敌的。通常，我们遇到的最强大的对手往往不是别人，而是自己。因为人的缺点常常是很顽固的，即所谓“江山易改，秉性难移”。若你想做到自我突破，让自己再上一个新台阶，就必须克服自身的缺点！一个自律的人能够不断克服陋习、完善自己，一个不能自律的人却会被自己的一个小缺陷轻易击败。人或强大或弱小，是由能否战胜自我而决定的。

克服拖延，别因拖延而影响努力

现代社会，不少人有这样的行为，他们做事拖拖拉拉、怕接受工作任务，甚至经常到最后一刻才开始执行等，可以说，拖延症已经成为他们的高发病症。有关资料显示，在大学生中，大约有70%的人有拖延习惯，只是程度不同；成年人中有25%的人有着慢性拖延问题，另外，有95%的人希望能减轻他们的拖延恶习。因为拖延已经逐渐影响他们的生活，一些人为此而苦恼。其实，你可能意识到，现在的你已经掉入拖延怪圈里！

对于现代社会总是处于忙碌中的人们来说，也许拖延问题是他们最难抵制和克服的，也是一种不良的行为习惯。

小菲是个美丽的女士，最近她怀孕了，无聊的她想打发时间，于是，她买来一些漂亮的毛线，想着给未出世的孩子织一件衣服，可是她却迟迟没动手，她总是懒懒地躺在床上，每当她想到那些毛线时，她总是告诉自己：“还是先吃点东西、看看电视，等会儿再说吧。”可是等她吃完东西、看完电视以后，她发现天已经黑了，于是，她会说：“晚上开着灯织毛衣对孕妇的眼睛不好，还是明天再织吧。”到第二天，她还是用同样的借口拖延。

小菲的丈夫是个贴心的好男人，他心疼妻子，并未催促她，她的婆婆看到那些被放到柜子里的毛线，本想替她织，但她却坚持要自己为孩子织毛衣。她还想，如果是个女儿，一定要织个漂亮的毛裙；如果是个男孩，就织一件毛裤。但随着她的肚子越来越大，她越来越不想动，后来，她告诉自己，要不就等孩子出生再织也行。

时间过得真快，孩子很快出生了，是个漂亮的小姑娘，带孩子成了她主要的工作，孩子渐渐长大，很快就到1岁了，可是那件毛裙还没开始织。后来，她发现，这些毛线已经不够给孩子织毛裙。于是打算只给孩子织一个毛背心，不过打算归打算，动手的日子却被一拖再拖。当孩子2岁时，毛背心还没有织。当孩子3岁时，她想，也许那团毛线只够给孩子织一条围巾了……渐渐地，她已经想不起来这些毛线了。孩子开始上小学了，一天在翻找东西时，发现了这些毛线。孩子说真好看，可惜毛线被虫子蛀蚀了，便问妈妈这些毛线是干什么用的。此时她才又想起自己曾经憧憬的、漂亮的、带有卡通图案的毛裙。

这只是生活中的一个小故事，但它却告诉我们一个道理，那些有拖延习惯的人多半都是拖延心理在作怪，而且，他们还总是会为自己寻找各种借口。要克服拖延的习惯，必须先抛弃拖延的心理。如果不下决心现在就采取行动，那事情永远不会完成。

鲁迅说过："伟大的事业同辛勤的劳动成正比，有一份劳动就有一份收获，日积月累，从少到多，奇迹就会出现。"伍迪·艾伦也曾说过："生活中90%的时间只是在混日子。大多数人的生活层次只停留在为吃饭而吃，为搭公车而搭，为工作而工作，为回家而回家。他们从一个地方逛到另一个地方，使本来应该尽快做的事情一拖再拖。"的确，在我们周围，也包括我们自己，在工作的过程中，因各种事由造成拖延的消极心态，就像瘟疫一样毒害着我们的灵魂，影响和消磨着我们的意志与进取心，阻碍了我们正常潜能的开掘，使我们到头来一事无成。

对于我们每个人来说，拖延的习惯都会影响到我们做事的效率，无论是在职场上还是在学习上，也会给别人留下懒散的印象。那么，如何克服这样的坏毛病呢？以下几点可供我们参考：

1.直面拖延

承认自己有拖延的习惯，并有意志克服，才能成功解决问题。

2.从消除拖延思维开始努力

人的思维指导行动，然而，我们却发现，对于拖延者来说，他们之所以做事懒散、行动拖拉，多数情况下是因为拖延思维导致的。在他们内心，常常有这样的声音："等会儿去做也没关系。""大家都还没动手呢，我不必着急。""太难了，实在找不到办法。"很明显，这些都是拖延思维，对我们的行动给予的是负面的暗示。

可见，如果你经常为自己的拖延行为找借口，那么，很可能是因为拖延思维的影响。要解决拖延症，你首先要做的就是消除拖延思维。要知道，任何人都不可能帮助你改变现状，能拯救你的只有你自己。

3.找到拖延的原因

很多人迟迟不敢动手，是因为害怕失败，如果是这一原因，那么，你就应强迫自己去做，认为这事非做不可，你终会惊讶事情竟然做好了。

4.严格地要求自己，磨炼你的毅力

爱拖延的人多半都是意志薄弱的，当然，磨炼自己的意志并非一朝一夕就能做到的，需要你从小事、简单的事做起，并坚持下来。

5.做好计划，要求自己严格按计划办事

做每件事前，要制订好计划，然后要求自己严格按计划办事，不给自己找任何借口。

6.别总为自己找借口

别总为自己找借口，例如，“时间还早”“现在做已经太迟了”“准备工作还没有做好”“这件事做完了又会给我其他的事”等，不一而足。

7.坚持到最后，找到成就感

其实，人生苦短，很多事，如果你拖延的话就来不及了，如享受生活、读书学习、运动、旅行等。也许你会说，我还年轻，有大把的时间；也许你会说，我还有以后，但我们最不能挥霍的就是时间，怎么会有那么多的以后在等着你？

第7章

给生活留白，想想自己到底在做什么

我们每个人的心里，都曾有一个梦，都有自己向往的生活方式，然而，大部分人却未必以自己想要的方式在生活和工作。那么，此时，你需要做的就是冷静下来，好好反省一下自己到底在做什么，如果你觉得现在的人生有遗憾，不是你想要的，不妨递给它一份辞呈，重新去找寻自己想要的人生吧！

常常反躬自省，才能不断磨砺心志

自打我们来到这个世界，就在不断探索和认识周遭的一切，并且，我们学会了很多，包括科学文化知识、审美、与人相处等，但这个过程都是被动的，我们很少真正地反省自己以获得进步。

有人说“成功时认识自己，失败时认识朋友”，固然有一定的道理，但归根结底，我们认识的都是自己。无论是成功还是失败，都应坚持辩证的观点，不忽视长处和优点，也要认清短处与不足。同时，自我反省、认清自己还能帮助我们做回自我，只有这样，才能获得重生。

而事实情况是，日常生活中，我们既不可能每时每刻都去反省自己，也不可能站在一定的高度以局外人的身份来观察自己，于是，我们只能以外界信息和他人的眼光来认识自己，我们的思维很容易受到外界信息的暗示，我们常常会迷失自己。

生活中的你们，也应该安静下来问自己，你到底是在不断提升自己，还是只顾面子，不肯跟自己“摊牌”呢？或许有正直不阿的指导者，曾经指出你身上存在的问题或闪光点，但可能你根本不愿意承认这点，因为你不愿意让他人看透自己。

所以，一切注重灵魂生活的人对于卢梭的这句话都会有同感："我独处时从来不感到厌烦，闲聊才是我一辈子忍受不了的事情。"这种对于独处的爱好与一个人的性格完全无关，爱好独处的人同样可能是一个性格活泼、喜欢朋友的人，只是无论他怎么乐于与别人交往，独处始终是他生活中的必需。

总之，我们只有学会倾听自己内心的声音，才可能不断挖掘出自身发展过程中不足的部分。面对激烈的竞争和瞬息万变的环境，那些不愿意反省自己或者不愿意及时改正错误的人，必将面临衰败的结局。同时，在快节奏的信息社会中，一个人如果不能及时察觉自身的缺点，不能用最快的速度修正自己的发展方向，也必然会在学业和事业中落伍，被无情的竞争所淘汰。

无须隐藏，寻求最真实的自己

生活中，我们每个人都马不停蹄地奔波，我们不断扩充自身的本领，不断了解和认识周围的人与事，然而，在这一过程中，我们却很少认识自己。实际上，我们也总是在逃避认识自己，因为认识自己，就意味着我们必须接受自己"魔鬼"的一面，这个过程对于我们来说是痛苦的。但如果我们想实现自己的需求、成为更优秀的自己，就必须认识自己，就像剥洋葱一样，寻找到最本真的自我。

有这样一个年轻人，因为时常感到压力大而去请求心理医生的帮助。诊断后，医生认为他的身体毫无问题，却觉察到他内心深处有问题。

医生问年轻人：“你最喜欢哪个地方？”“我不清楚！”“小时候你最喜欢做什么事？”医生接着问。“我最喜欢海边。”年轻人回答。医生于是说：“拿这三个处方，到海边去，你必须在早上9点、中午12点和下午3点分别打开这三个处方。你必须同意遵照处方，除非时间到了，不得打开。”

于是，这个年轻人按照医生的嘱咐来到海边。

他到达海边时，正好是早上9点，没有收音机、电话。他赶紧打开处方，上面写道：“专心倾听。”他开始走出车子，用耳朵倾听，他听到了海浪声，听到了各种海鸟的叫声，听到了风吹沙子的声音，他开始陶醉，这是另外一个安静的世界。快到中午的时候，他很不情愿地打开第二个处方，上面写道：“回想。”于是他开始回忆，他想起小时候在海边嬉戏的情景，与家人一起拾贝壳的情景……怀旧之情汩汩而来。近下午3点时，他正沉醉在尘封的往事中，温暖与喜悦的感受使他不愿去打开最后一张处方。但他还是打开了。

“回顾你的动机。”这是最困难的部分，亦是整个“治疗”的重心。他开始反省，回想生活工作中的每件事、每种状况、每一个人。他很痛苦地发现他很自私，他从未超越自我，从未认同更高尚的目标、更纯正的动机。他发现了自己疲倦、无聊、空虚、压力的原因。

这个故事中，这个年轻人遵循医生的建议来到海边，给了一个自我反省的机会，才认识到自己的缺点——自私、从未超越自我、从未认同更高尚的目标，这就是他感到空虚、压力大的原因。心理学家曾说过："人是最会制造垃圾污染自己的动物之一。"正如清洁工每天早上都要清理人们制造的成堆的有形垃圾一样，我们要想彻底消除倦怠，也必须经常地反省自己，时刻清洗心灵和头脑中那些烦恼、忧愁、痛苦等无形的垃圾，真正让自己时刻心如明镜、洞若观火，以最好的状态投入工作。

在马斯洛需求层次原理中，我们发现，我们每个人都有五大需求，怎么实现马斯洛讲的这五大需求呢？我们需要通过自我认识、自我接受、自我肯定、自我呈现，从而达到自我实现的目的。

可见，自我认识是实现这五大需求的第一步，只有先认识自己，接下来我们才能接受自我，才能肯定自我，进而不断完善自我，才能变得自信。虽然大部分人做不到这一点，但如果你做到了，你就能实现自我突破。

接下来，我们需要思考的是，该怎样做才能实现自我认识呢？

此处，我们不妨把自己比喻成为一个洋葱，在洋葱的最深层，是最本真的自我，那么，我们就需要不断地剥开这个洋葱。

在我们出生时，我们是一个最本真的自我，也就是本我。在接下来成长的过程中，我们开始有了一些经历，也开始形成对我们行为处事有引导作用的价值观，当然，这里的价值观可能是好的，也可能是不好的。

接下来，我们开始剥第二层，在价值观外面，是我们的需求、动机，也就是我们常说的人的欲望，人的欲望是受到价值观操纵的。而人的欲望操作的是人的恐惧、思维。

再接下来，就是情绪。一旦人的欲望和需求得不到满足，便会产生这样或那样的情绪，当然，即使我们的欲望被满足了，情绪同样也是存在的。

最后一层是行为。这是洋葱的最表层部分，也是我们的价值观、欲望、需求、思维的最直接的显现。

可见，当我们剥开自己这一个洋葱后，我们会发现，人的本我其实都是差不多的，只要我们愿意认识自我，那么，我们就会变得自然、真诚。而一旦我们继续披上种种外衣，我们又会呈现出千姿百态的面貌。

了解自己，看到自己的优势

成功学专家A.罗宾曾经在《唤醒心中的巨人》一书中非常诚恳地说道：“每个人都是天才，他们身上都有着与众不同的才能，这一才能就如同一位熟睡的巨人，等待我们去为他敲响沉睡的钟声……上天也是公平的，不会亏待任何一个人，他给我们每个人以无穷的机会去充分发挥所长……这一份才能，只要我们能支取，并加以利用，就能改变自己的人生，只要下决心改变，那么，长久以来的美梦便可以实现。”

尺有所短，寸有所长。一个人也是这样，你在这方面弱一些，在其他方面可能就强一些，这本是情理之中的事情，找到自己的优势和承认自己的不足一样，都是一种智慧。其实每个人都有自己的可取之处。例如，你也许不如同事长得漂亮，但你却有一双灵巧的手，能做出各种可爱的小工艺品；你现在的工资可能没有大学同学的工资高，不过你的发展前途比他大，等等。

所以，我们每个人在确定自己的人生目标前，要先了解自己的优点、缺点、长处和短板，只有这样，才能在实践中发挥优势，弥补不足，如果我们一直看不到自己的优势，就会让自己沿着一条错误的道路越走越远，我们的能力与优势也就受到限制，甚至使自己的劣势更加劣势，使自己处于不利的地位。

所以，从某种意义上说，是否认清自己的优势，是一个人能否取得成功的关键。

松下幸之助曾说，人生成功的诀窍在于经营自己的长处，经营长处能使自己的人生增值，否则，必将使自己的人生贬值。他还说，一个卖牛奶卖得非常火爆的人就是成功，你没有资格看不起他，除非你能证明你卖得比他更好。

当然，要想发展自身的优势，首先要做到对自我价值的肯定，这有助于我们在工作中保持一种正面的积极态度，进而转换成积极的行动。马克思说："自暴自弃，这是一条永远腐蚀和啃噬着心灵的毒蛇，它吸走心灵的新鲜血液，并在其中注入厌世和绝望的毒汁。"积极乐观的人永远是最可爱、最美丽的。为此，你需要做到的是：

1.发现你的优势

首先明确自己的能力高低，给自己打分，通过对自己的分析，旨在深入了解自身，从而找到自身的能力与潜力所在。

（1）我因为什么而自豪？通过对最自豪的事情的分析，你可以发现自身的优势，找到令自己自豪的品质，如坚强、果断、智慧超群，从而挖掘出我们继续努力的动力之源。

（2）我学习了什么？你要反复问自己：我有多少科学文化知识和社会实践知识？只有这样，才能明确自己已有的知识储备。

（3）我曾经做过什么？经历是个人最宝贵的财富，往往从侧面反映出一个人的素质、潜力状况。

2.挖掘出自己的不足

（1）性格弱点。人无法避免与生俱来的弱点，必须正视，并尽量减少其对自己的影响。例如，如果你独立性太强，可能在与人合作的时候，就会缺乏默契，对此，你要尽量克服。

（2）经验与经历中所欠缺的方面。“人无完人，金无足赤”，每个人在经历和经验方面都有不足，但只要善于发现、努力克服，就会有所提高。

3.常做自我反省，不断进步

日本学者池田大作说：“任何一种高尚的品格被顿悟时，都照亮了以前的黑暗。”只要你能做到自省，就有了一种高尚的品格！当你取得一定的成绩后，切不可沾沾自喜、妄自尊大，要知道，人最难能可贵的就是胜不骄、败不馁，懂得自我反省，才会不断进步。

可见，任何人，只有诚实地面对和了解自己，与自己的内心对话，才能非常了解自己，找到自己的优点和缺点，同时不断地改善自己的缺点。这样，才能使自己的劣势变为优势，才能做到查缺补漏，从而不断地超越自己。

看清自己想要的人生

有人说，生命对于每个个体都是平等的。人生的路上，我们不管是谁，都要客观认知和评价自己。要知道，我们是谁并不重要。重要的是，我们拥有什么，我们想要怎样的生活，以及我们对待人生的态度，这才是影响我们人生的重要因素。

事实上，任何一个成功者都是特立独行的，在他们追求成功的道路上，他们的周围也有各种不同的声音，但他们从不怀疑自己的动机，他们坚持自己的想法。最终，他们成功了。对于我们的人生也是如此，如果一味地走别人走过的老路、毫无创新的话，那么，你也只能复制出别人的未来；如果你寻找到属于自己的、正确的活法，那么，你的未来就是美好的。

在我们从小接受的教育中，我们不难发现我们的长辈、老师都希望我们按部就班地成就自己的人生。然而，人生本身并不愿意这样被安排，我们也希望自己的人生与众不同。因此，我们渐渐拥有属于自己的梦想，也不再愿意被安排、被指挥。我们必须记住，不管我们是谁，我们都值得拥有我们想要的生活，我们也都要清楚自己在人生中拥有的资本。

可见，我们一定要有自己的想法，要有自己的原则，当你认为自己的观点是正确的时候，就要发出自己的声音，不必为了讨好别人而迎合别人，也没必要因为害怕得罪人而对别人的要求来者不拒。如果你是个无主见的人，那么，你就要做出一些改变：

1.敢于坚信自己

在日常生活和学习中，你的意见难免与他人不同，此时，如果你认为自己的观点是正确的，那么，你就要坚持。未来社会，相信自己，你就敢走自己的路，就能不怕失误、不怕失败，在大多数情况下，不敢自信走“小路”的人，通常也难成为创新型人才。

2.敢于打破各种定见和共识

如果你想成为一个有创造力的人，你就需要做到：第一，不要迷信权威；第二，不要太依赖他人，学会独立思考；第三，摒除观念思维、经验主义等主观定式，不要给自己戴上思维的枷锁，你不仅需要敢于挑战书本的权威，也需要敢于自我否定。

3.敢于否定他人

独立思考是否定他人、提出不同意见的前提，反过来，做到后者，你也会逐渐学会独立思考。

4.独立面对各种难题

正如一位名人所说：“所谓成长，就是去接受任何在生命中发生的状况。即使是不幸的、不好的，也要去面对它、解决它，使伤害减至最低。所谓的成长，所谓的智能，所谓的成熟，都不过如此。”这样的你才能独当一面，成为一个自立自强的人。

拿破仑说：“人多不足以依赖，要生存只有靠自己。”德田虎雄说：“人，谁都想依赖强者，但真正可以依赖的只有自己。”福泽谕吉说：“没有独立精神的人，一定想依赖别人，依赖别人的人一定怕人，怕的人一定阿谀谄媚人。”

总之，我们都要明白，一个人要想取得事业上的成功，甚或一个小小目标的达成，必须首先要敢于发出自己的声音，要完全自立。因为自立是我们立身处世的基础，没有自立我们将寸步难行。

你喜欢现在的生活方式吗

现代社会，随着生活节奏的加快、竞争的日趋激烈，人们的压力逐渐增大，我们都在马不停蹄地奔跑，穿梭于闹市之中，久而久之，我们的心灵蒙上一层尘埃，甚至开始迷茫：这真的是我想要的生活吗？

对此，你不妨静下心来，反省一下你的生活方式，问问自己到底要什么，从而帮助我们认识到另外一个自己，这是信仰的开始，是省悟的开始。反省，给自己一个舒缓神经的机会，这样，我们才能收拾好心情继续上路。

小李是一名普通的汽车修理工，生活虽然勉强过得去，但离自己的理想还差得很远，他希望能够换一份待遇更好的工作。有一次，他听说省城一家汽车维修公司在招工，便决定前去试一试。他星期日下午到省城，面试的时间在星期一。

吃过晚饭，他独自坐在旅馆的房间中，想了很多，把自己经历过的事情都在脑海中回忆了一遍。突然间，他感到一种莫名的烦恼：自己并不是一个智商低下的人，为什么至今依然一无所成，毫无出息呢？

想着想着，他发现自己根本无法入睡，于是，他干脆取出纸笔，写下了四位自己认识多年、薪水比自己高、工作比自己好的朋友的名字。其中两位曾是他的邻居，现在已经买房买车了，另外两位是他以前的老板。他扪心自问：与这四个人相比，除了工作以外，自己还有什么地方不如他们呢？是聪明才智吗？凭良心说，他们实在不比自己聪明多少。经过很长时间的反思，他终于悟出了问题的症结——自己的性格有缺陷。在这方面，他不得不承认比他们差了一大截。

虽然已是深夜3点，但他的头脑却出奇的清醒。觉得自己第一次看清了自己，发现自己过去很多时候不能控制自己的情绪，如爱冲动、自卑，不能平等地与人交往，等等。

整个晚上，他都坐在那儿自我检讨。他发现自从懂事以来，自己就是一个极不自信、妄自菲薄、不思进取、得过且过的人；他总是认为自己无法成功，也从不认为能够改变自己的性格缺陷。

于是，他痛下决心，自此而后，绝不再有不如别人的想法，绝不再自贬身价，一定要完善自己的情绪和性格，弥补自己在这方面的不足。

第二天早晨，他满怀自信地前去面试，结果顺利地被录用了。在他看来，之所以能得到那份工作，与前一晚的感悟以及重新树立起的这份自信不无关系。

在走马上任的两年内，他在业内逐渐建立起了好名声，人人都认为他是一个乐观、机智、主动、热情的人。在后来的经济不景气中，每个人的情绪因素都受到了考验。此时，小李已是同行业中少数可以做到生意的人之一。公司进行重组时，分给了他可观的股份，并且给他加了薪水。

小李整个生活状态的改变来自一个失眠夜晚的反省。那么，对于当下你的生活状态，你是否满意呢？你是否感到压力太大、常常失眠多梦或者紧张不安呢？如果你也是如此，不妨也做一下自我反省吧。

同样，生活中的人们，也都有自己向往的“旅馆”，但现在的生活真的是你喜欢的吗？你对你的工作满意吗？如果答案是否定的，那么，也许你需要重新思考一下了。

不得不说，随着生活节奏的越来越快，竞争得越来越激烈，人们的压力也越来越大，然而，假如不能很好地认识自己，不知道自己所真正追求的是什么，不知道人生的目标，那么，就很容易迷失自己。为了避免上述种种情况的发生，我们每个人都应该正确地认识自己，意识到每个人都有自己的长处和短处，都有自己拥有的而别人没有的东西，都有属于自己的幸福。只有这样，才能以平静的心态坦然地面对生活。

第8章

相信别人的努力，看得起当下的自己

威尔逊有句名言："要有自信，然后全力以赴！假如具有这种观念，任何事情十之八九都能成功。"的确，前面我们强调每个人要有进取心，因为每天都如逆水行舟，不进则退，我们停滞不前时，他人却在努力，即便如此，我们也不必自惭形秽，因为只有看得起自己、相信自己，才能挖掘出身体里蕴藏的巨大能量，才能让人生无限光明，才能做出令人赞赏的成绩！

重新认识自己，解开自卑的枷锁

我们身处一个开放和竞争的年代，人际交往越发频繁，要求我们拥有驾驭自我情绪的能力，这也是情商高低的表现。然而，不难发现，我们生活的周围，有些人时不时地会感到自卑，这样的人，即使有再多的才华，恐怕也难获得广阔的施展空间。

社会心理学家经过跟踪调查发现，在人际关系交往中，心理状态不健康者往往无法拥有和谐、友好和可信赖的人际关系，在与人相处中，这些人既无法得到快乐满足，也无法给予别人有益的帮助。主要原因就是他们无法做到正确的自我认知。

心理学教授说，自卑是一种消极的自我评价或自我意识，即个体会因为自己某些方面不如人而产生对自己不信任的消极情感，自卑感就是对自己的能力、品质、外貌等各个方面的评价都偏低的一种消极的自我意识。具有自卑感的人总认为自己事事不如人，自惭形秽、丧失信心，进而悲观失望、不思进取。被自卑感所控制，他不仅看不到自己的长处，影响自身创造力的发挥，还会束缚其正常的精神生活。

可见，生活中的人们，如果你也是个内心自卑的人，那么，从现在起，你必须重新认识自己，解开自卑的枷锁，找回自信。

德国人力资源开发专家斯普林格在其所著的《激励的神话》一书中写道：“人生中重要的事情不是感到惬意，而是感到充沛的活力。”“强烈的自我激励是成功的先决条件。”所以，学会自我激励，就是要经常在内心告诉自己，我相信自己可以做到。如果你的心被自卑掩埋，那么，你已经输了。有自信，即使面对逆境，也能泰然自若。这种强而有力的信心，事实上便是来自自信。换言之，自信是力量增长的源泉。

其实，战胜自卑并非难事，不要过于看重一次的失败与丢丑，不要因先天的缺陷而抬不起头，在生活中报以平和的心态对待周围的人和事，慢慢地，当你鼓起自信的风帆，划动奋斗的双桨，你一定会发现一个生气勃勃的你，一个潇洒自如的你，一个成功的你！

始终记住，你是独一无二的

生活中，在与人相处的过程中，我们难免会与周围的人相比，一旦我们在才能、外貌、社会地位、物质等方面不如他人，就很容易自惭形秽。而其实，每个人都具有世界上独一无二的价值，没有任何人、事、物能够取代我们，也没有任何人、事、物能够贬低我们，除非我们自己看轻自己、自己贬低自己。

任何一个因为与人比较而自卑的你，都应该认识到，在这个世界上，不会有第二个你，现在没有，以后也不会有。这一点，我们能从遗传学书籍中找到证据。我们每个人都是由父亲和母亲的23条染色体组合而成的，决定我们遗传的就是这46条染色体，每一条染色体中，还有数百个基因，任何一条单一的基因都能影响甚至改变我们的一生，这就是令人敬畏的人类生命的形成。

自从你来到这个世界上，你就是独特的，你应当为此而雀跃，你应该善于运用自己的天赋。其实，那些所谓的艺术，也都是对自我的一种体现，你能唱的、画的也都只有你自己，造就你的是经验、环境和遗传，无论如何，你只有在你生命的舞台中演奏好自己的乐器，才能活得精彩。

的确，善待自己的人知道，每个人都是一座宝藏，重视自己的价值，并不断开发和提升它，平庸的人生就不会属于自己。

有一天，国王心血来潮到花园里散步。当他看到花园里面的景象时，不禁大吃一惊！因为过去绿意盎然、花团簇锦的花园，竟然变得无比荒凉。于是，国王疑惑地询问园丁，究竟发生了什么事，怎么花园会变成这样。

园丁说：“我尊敬的国王啊！这是因为橡树认为它比不过松树的高大，所以死了；松树因为比不过葡萄能结果子，所以也死了；而葡萄因为不能像橡树一样直立，因此也死了；至于其他的植物花卉，也都是因为各有比较而死去。所以，花园渐渐荒凉起来。”

忽然间，国王发现花园里的草地仍然生机蓬勃，不免又好奇地问园丁：“为何其他的植物都枯死了，只有这一片草地仍然绿意盎然呢？”

园丁微笑着说道：“这是因为小草们并不想成为松树、橡树、葡萄或者其他植物，它们知道自己的价值是什么，所以也只想做它们自己而已。因为这样的想法，所以，它们自然就生机蓬勃、绿意盎然！”

每个人都想做高大的树木，都想攀升到高处，感受一览众山小。但生活的现实，却总是让你处于一个劣势地位，跟别人相比，自己的日子过得捉襟见肘。于是就有许多人觉得自己一无是处、毫无建树，一生都会如此庸庸碌碌。

人活着就应该善待自己，在低潮时给予自己鼓励。在人生的旅程中，我们无法避免诸多的挫折，但是不管那些无情的打击如何使我们痛苦、受伤、难堪，我们都不应该忘记自身的价值，更不应该认为自己一无是处或者妄自菲薄。

我们每个人的价值，都是绝对的。坚持自己崇高的价值，接纳自己，磨砺自己。给自己成长的空间，每个人都能成为“无价之宝”。

哲学家曾说，我们的命运如同一颗麦粒，有着三种不同的道路：可能被装进麻袋，堆在货架上，等着喂给家畜；也可能被磨成面粉，做成面包；还可能被撒在土壤里，直到长成金黄色的麦穗。人和一颗麦粒唯一的不同在于：麦粒无法选择是变得腐烂还是做成面包，或是种植生长。而我们有选择的自由，有行动的自由，更有心的自由。我们不该让生命腐烂，更不能让它在失败、绝望的岩石下，任人摆布。

黏土在天才的手中变成堡垒，柏树在天才的手中变成殿堂，羊毛在天才的手中变成袈裟。如果黏土、柏树、羊毛经过人的创造，可以成百上千倍地提高自身的价值，那么你为什么不能使自己身价百倍呢?

当然，这样一个蜕变的过程是艰辛的，但无论如何，我们只有认可自己、相信自己，才能以坦然的心态面对成长中的种种挑战、困难、困惑等。因为自信方能自强。只有自信，才能做到知难而进，才能有临渊不惊、临危不惧的英雄本色。

那么，我们该如何实现这一蜕变的过程呢?

1.找到自己身上的闪光点

可能自卑的你有这样一个缺点，喜欢把目光放在别人的优点上，总盯着自己的缺点不放，因此很容易产生自卑心理。要排除自卑心理，你需要认识到自己的长处，同时，要相信自己的能力。

2.体验成功，找到自信心

哪怕是小小的成功，你也要尽情地享受成功带来的喜悦。

3.做事不要太多顾虑

有些人因为缺乏经验，在做事时，往往在一开始就为自己想好失败之后的退路，这样永远都不会有什么成功，只会与目标渐行渐远。所有的成功者都必定有着坚定的信心。信心犹如人生路上的加油站，为你最终达到目标提供源源不断的能量。

总之，每个人都有属于自己的独特价值，善待自己的人，懂得自身价值的大小，绝不会妄自菲薄、贬低自己，因为他们知道自己是独一无二的。

做自己，不用担心不如别人

我们都知道，人无完人，但对于生活，人们却不能以这样的心态面对，在欲望的驱使下，他们总是希望生活可以过得更好，总是认为自己可以获得更多，总是苛求生活。而很多不快乐的人，他们痛苦的来源就是“把自己摆错了位置”，总要按照一个不切实际的计划生活，总是希望自己成为他人眼中完美的人，于是，他们总要跟自己过不去，整天闷闷不乐。而快乐的人明智地摆正了自己的位置，工作得心应手，生活有滋有味。因为他们懂得生活的艺术，知道适时进退，取舍得当。快乐把握在今天，而不是等待将来。事实上，我们每天都可以做自己喜欢的事情，不在乎表面的虚荣，凡事淡然，不苛求，那么，快乐、幸福就会常伴我们左右。

遗憾的是，在这样一个讲究包装的现代社会里，人们常常禁不住羡慕别人美丽、光鲜的外表，从而对自己的某些欠缺自惭形秽，进而导致内心的苛刻与紧张。其实，没有任何一个生命是完美无缺的，每个人的人生都会缺少一些东西。

有位女士，在谈到自己的经历时这样叙述道：

“在很小的时候，我就很自卑、羞涩而且敏感，因为我长得不漂亮，而且比较胖，脸很大，这让我看起来更加笨重。而我的母亲也是这样的身材，她性格也很古板，在她看来，把衣服穿得很合适是一件愚蠢的事，这样也容易把衣服撑破，所以她一直让我穿那些宽大的衣服。

“我很胆小，朋友和同学的聚会从来见不到我的身影，在我身上也没发生过任何让我开心的事，同学们组织的活动我也不敢参加，甚至连学校的运动会我也不去。我太害羞了，在我看来，我肯定是与别人不一样的。

“当我长大以后，我和大家一样顺利结婚，我的丈夫比我大几岁，但我还是无法改变自己。我丈夫一家子都很自信，我也一直想要和他们一样，但我根本做不到。他们也曾几次努力想要帮助我，但结果还是未能如愿，我变得更害羞。我开始紧张易怒，不敢见任何朋友，甚至门铃一响我就紧张起来，我想我真是没救了，我怕丈夫察觉出来这个糟糕的我，我尽量装得开心一点，有时候还表现过火了，因为事情过后我觉得自己累得虚脱了，我没办法入睡。最后，我开始怀疑自己是否应该继续活下去，于是，我想到了死亡。”

当然，后来，这位太太并没有自杀，那么，是什么改变了她的想法呢？只是她偶然听到的一句话。在给心理医生寄来的那封信里，她提到了此事：

“改变我自己和我的生活状态的，只是偶然间听到的一句话。那天，我和婆婆谈到教育的问题，她谈到自己的教育方法：‘无论我的孩子遇到什么，我都告诉他们要保持自我本色。’

“多么简短且富有震撼力的话——‘保持自我本色’，这句话一直在我的脑海里挥之不去，我突然发现，原来所有的不幸都只是因为我把自己放到某个模式中去了。

“在听到这句话后，我瞬间发生改变，我开始遵循这句话生活，我努力认清自己的个性，找到自己的优点，我开始学会如何按照自己的喜好、身材去搭配衣服，开始穿出自己的品位。我开始主动走出去交朋友，我开始加入一个小团体中，每次当大家叫我上台参加活动时，我都鼓足勇气，慢慢地我大胆了很多，这是一个长期的过程，但我确实发生了不少的变化。我想，当我以后教育我的子女时，我一定会告诉他们我的这段经历，我希望他们能记住：无论何时，都要保持自我本色。”

威廉·詹姆斯说过这样的话：“一般人的心智使用率不超过10%，很多人都不了解自己到底还有些什么才能。人们往往对自己设限，因此只运用了自己身心资源的一小部分。实际上，我们拥有的资源很多，但却没有成功地运用。”

心理学家称，我们每个人都不应该过分苛刻地要求自己，更不要活在别人的眼光中，正如但丁所说的：“走自己的路，让别人去说吧。”如果你时时关注自己在他人眼中是否足够完美，那么，你最终会殚精竭虑、身心俱疲。其实，生活的目的在于发现美、创造美、享受美，而不善于发掘它的闪光点和长处，就难以找到真正的美。

每个人内心的自卑确实都不是来自其经验或者事实，而是来自其对事实的结论或者看法。例如，你没法唱出动听的歌声，无法在世界级的舞台上翩翩起舞，但这并不代表你是个“不行”的人，你所有负面的想法都是来自你拿别人的标准在衡量自己。

好莱坞著名导演山姆·伍德曾说，对于他来说，最头疼的事就是让那些年轻的演员保持自我，他们每个人都想成为翻版的拉娜·特勒和克拉克·盖博，可是观众想要点“新鲜的味道”，而不是那种他们已经“尝过”的。既然我们有那么多未被开采的潜能，那么，你又何必担心自己不如别人呢？

适合自己的就是最好的

生活中，我们每个人都有自己的梦想，但是在谈到实现理想时，很多人又觉得自己很平凡，能力很普通，先天条件的欠缺导致他们对自己丧失了信心。在他们看来，不管自己如何努力，最终都只会成为一个平庸的人。既然抱着这样的想法，他们就已经不想去努力，浑浑噩噩地生活着，甚至有的人选择自甘堕落的生活。然而，也有一些极少数人成功了，原因之一是他们在自己擅长的领域内兢兢业业，获得了他人无法企及的成就，而这些成就又增加了他们的自信，帮助他们不断进取，成就梦想。

所以，我们可以说，无论如何，我们每个人都要找准自己的位置，做适合自己、自己擅长的事。

一块地，不适合种麦子，可以试试种豆子；如果豆子也长不好的话，可以种瓜果；如果瓜果也不济的话，撒上一些荞麦种子一定能够开花。一块地，总会有一种种子适合它，也终会有属于它的一片收成。是鱼儿就不要幻想蓝天，是鸟儿就不要迷恋海洋。只有认清自己，找到自己的位置，才能在自己的天空中留下有意义的人生。

有个孤儿，生活没有依靠，只好四处流浪。有一天他看见一个寺庙，就走了进去，拜见那里的高僧，他对高僧诉说自己的不幸生活："我既无一技之长，也无任何技术，我该如何才能生活下去呢！"

高僧把它带到后院指着一块石头对他说："你把它拿到集市吧，不过你只是去问价，而不是真的把它卖了。"孤儿带着疑问把石头拿到集市去卖，开始几天无人问津，过了几天真有人来买这石头，而且还给出了不错的价格。这时高僧吩咐他到石器交易市场去卖，不过仍只是问价而不把它卖掉。在石器交易市场问价的人很多，而且价格超出了在集市上的价格，不过孤儿依然不卖它。

这样，好奇的人越来越多，石头的价格也越来越高。孤儿又去找高僧。高僧说："你拿到珠宝市场去卖。"没过几天，石头的价格已经炒到比珠宝的价格还要高，孤儿依旧不卖，有些人甚至开出了天价。孤儿于是又去找高僧，并说那些人都疯了。

高僧说："世上的人与物都一样，如果你认定自己是一块不起眼的陋石，那么你可能永远只是一块陋石的价；如果你坚信自己是一颗无价的宝石，那么你就是。”

高僧的话无非要告诉孤儿，做人一定要相信自己，要自信，千万不能自卑！否则就什么也不是。自己的长处是帮助自己实现成功的最好工具。如果一个人对自己的长处了解不够，所处位置不当，他就永远休想有所建树。反之，如果找到自己的长处，就会挖掘出自己无限的潜能，更容易地取得成功。

人是群体动物，离开社会这个大环境，与别人格格不入，是无法生存的。但我们不可人云亦云，找到适合自己的，你才能更好地发展自己。

能够认清自己，才会让自己走在最合理、最顺畅的人生之路。而进一步地了解自己，则可以让自己在人生的不同阶段找到属于自己的位置。

富兰克林曾一针见血地指出：“宝贝放错了地方便是废物。”衍生出的一句话就是，人才放错了位置，就是垃圾。

上帝造了一个萝卜，就给萝卜造了一个坑，凭借这个坑，小萝卜长成了大萝卜；上帝造了一个人，便给了人一个位置，只有当人站在这个位置上，才会取得成功。每个萝卜都知道它的坑，而很多人却不明白以上的道理，于是就站错了位置。

一个火车头，它只有在铁轨上才是强大的，一旦脱离轨道，它就寸步难行。人同样如此，在了解自己的前提下，找到最适合自己发展的轨迹，你才能在生存这场赛跑中快速前进。

马克·吐温作为职业作家和演说家，取得了极大的成功，可谓名扬四海。你也许不知道，马克·吐温在试图成为一名商人时却栽了跟头，吃尽苦头。

马克·吐温投资开发打字机，最后赔掉了5万美元，一无所获。马克·吐温看见出版商因为发行他的作品赚了大钱，心里很不服气，也想发这笔财，于是他开了一家出版公司；然而，经商与写作毕竟风马牛不相及，马克·吐温很快陷入困境，这次短暂的商业经历以出版公司破产倒闭而告终，本人也陷入债务危机。

经过两次打击，马克·吐温终于认识到自己毫无商业才能，于是断了经商的念头，开始在全国巡回演说。这回，风趣幽默、才思敏捷的马克·吐温完全没有了商场中的狼狈，重新找回了感觉。最终，马克·吐温靠工作与演讲还清了所有债务。

马克·吐温取得了成功，是因为他终于明确自己的社会角色，及时调整方向，从适合自己的角度来从事社会活动。

有的人在“螺丝钉”的位置上却偏偏想做“机器人”，于是他辞掉原来的工作，改行去做“机器人”的工作。最后他才发现，他根本没有那个能力和优势，只好以失败告终。虽然“螺丝钉”和“机器人”的价值不同，但他们各有所长，需要恰当合适的人去做，发挥自己的优势才能做得最好。不要看着别人的价值而眼红，每个人都有自己的位置，做好自己才是发挥了自己的价值。

一个人的成功，需要能使他成功的位置，而错误的位置会使一个曾经成功的人尝尽失败的苦头。寻找属于自己的合适位置，就像在一首曲子中找对音符，才能奏出一曲和谐动听的音乐；就像种子找对属于自己的沃土，才能结出最甜美的果实……每个人在生命中都要找到一个属于自己的合适位置，才能发挥出自己最大的价值。

你不相信自己，又如何赢得别人的信任

人生在世，谁都希望得到他人的肯定，这其中就包括信任。然而，让别人相信我们，首先就要自己相信自己。现实生活中，很多在父母呵护下长大孩子，习惯了父母的安排，甚至放弃自己的权利，让长辈的意志来决定自己的生活。他们把自己的学业、择业、婚姻等统统托付或交给别人，失去了自我追求、自我信仰，也就失去了自由。久而久之，他们习惯信任别人，而不是让别人信任。人生最大的缺失，莫过于失去自信。自卑只能自怜，自信才能赢得成功。相信自己，就是相信自己

的优势，相信自己的能力，相信自己才能赢得他人的信任。“没有得到你的同意，任何人也无法让你自惭形秽。”

然而，生活中有这样一群人，他们经常会这样想：世界上最好的东西，永远不是他们所能拥有的。他们认为，生活上的一切美好的事物，都是留给一些特殊的人的。有了这种卑贱的心理后，他们当然就不会有成就伟大事业的观念。

有一次，一个士兵骑马给拿破仑送信，由于马跑得太快，在到达目的地之前猛跌了一跤，那马就此一命呜呼。拿破仑接到信后，立刻写封回信，交给那个士兵，吩咐士兵骑自己的马，快速把回信送去。那个士兵看到那匹强壮的骏马，身上装饰得无比华丽，便对拿破仑说：“不，将军，我是一个平庸的士兵，实在不配骑这匹华美强壮的骏马。”

拿破仑回答道：“世上没有一样东西，是法兰西士兵所不配享有的。”

你是否也像这个法国士兵一样呢？在心底认为自己的身份卑微，不敢奢求过多，更不敢在公众场合表现自己。这种自轻自贱的观念，往往成为不求上进、自甘堕落的借口和托词。

获得1937年诺贝尔文学奖的法国作家杜·伽尔说：“我力量的真正源泉，是一种暗中的、永不变更的对未来的信心。甚至不只是信心，而是一种确信。”与金钱、势力、出身、关系相比，自信是更有力量的东西，自信就像能力的催化剂一样，它可以将人的一切潜能都调动起来。而从人际关系的角度看，自信的人能传递一种精神力量，它是赢取信任必备的一种精神状态。

信任是一切人际关系活动的基础，而唯有自信、相信自己，才能赢得他人的信任。

张爱玲曾说：“信心是蕴藏于生命中的伟大力量，是创造成功的奇迹，是立身立业不可缺少的保障。只要有信心，你就能移动一座山；只要你相信自己会成功，你就一定能成功。”一个人只要有自信，那么他就能成为他所希望成为的人。

可见，我们只有有自信，让周围的人信任，才能以饱满的精神状态迎接人生的挑战。为此，你需要做到以下两点。

1.自我激励

你要知道，环境不能真正激励你自己，别人不能真正激励你自己；只有你自己才能发现你真正的需要和追求。如果你想让自己的生命精彩、如果你不想虚度此生，那么唤醒你自己吧！

2.以绝对的自信感染他人

我们的情绪经常会被周围的人和事所牵引。例如，别人给予赞美，我们就信心倍增；而别人一句否定的话，则会让我们自卑。这就表明，你并未做到真正地相信自己，真正相信自己的人，会以强大的精神力量影响别人，获得信任，而绝不是被影响。因此，不管任何时候，都要在心中呐喊对你最重要的那句话——“我一定行”。

第9章

你不知道在什么时候，你也成为过别人的力量

生活中，相信我们大部分人都渴望成就一番事业，然而，不少人失败了。为此，有不少人埋怨：“为什么有些人能力平平，却能平步青云、拥有财富、成就梦想？”其实，这是由于他们懂得借力打力，他们知道梦想之路，单打独斗很难实现，而借思维之势，适时调整计划，那么，成功就成是水到渠成的事。

借力使力，巧为无米之炊

作为中国人，“巧妇难为无米之炊”这句话我们已经耳熟能详，这句话强调的是缺乏先决条件，我们很难做成一件事，而其实，这句话放到强调合作的现代社会，是可以推翻的。我们可以借助他人的“米”，“巧为无米之炊”，同样，如果现在的你缺乏资金、缺乏人脉、缺乏经验，但又想达到目的，那么，便可以借力打力，借助他人的力量来做事。我们先来看下面的故事：

从前，山上住着一只老虎。一天，饥饿难耐的老虎下山去觅食，当它穿过森林时，看到一只狐狸在悠闲地散步。

老虎心想，这可是个一饱口福的好机会，于是，它张开双爪扑过去，不费吹灰之力就抓到了这只狐狸，正当他准备将猎物送进嘴里的时候，这只狐狸却突然开口说：“哼！你不要以为自己是百兽之王，就可以吃了我，要知道，我是天地任命的王中之王，谁要胆敢吃了我，就会得到天地的严厉惩罚！”

听了狐狸的话，老虎虽然不怎么相信，但是它看了看狐狸，发现狐狸如此镇定，不免担忧起来，而它之前那股嚣张的气焰和盛气凌人的态势竟不知何时已经消失了大半。虽然如此，它心中仍然在想：我因为是百兽之王，所以天底下任何野兽见了我都会害怕。而他，竟然是奉天帝之命来统治我们的！

这时，狐狸见老虎迟疑着不敢吃它，就明白自己刚才的那番话已经起到一定的作用，于是便更加神气十足地挺起胸膛，然后指着老虎的鼻子说："怎么，难道你不相信我说的话吗？要不这样，你跟在我后面，我们一起去见见森林中的其他兽族，看看是不是大家见了我，都害怕。"老虎觉得这个主意不错，便照着去做了。

于是，狐狸就大模大样地在前面开路，而老虎则小心翼翼地在后面跟着。它们走没多久，就隐约看见森林的深处，有许多小动物正在那儿争相觅食，但是当它们发现走在狐狸后面的老虎时，不禁大惊失色，狂奔四散。

这时，狐狸很得意地掉过头去看老虎。老虎见状，心里也一阵惶恐，但它根本不知道，百兽害怕的是自己，而并不是狐狸。

这里，我们先不评价狐狸的行为恰当与否，不可否认的是，狐狸是聪明的。它之所以能得逞，是因为它假借了老虎的威风。

现代社会，借力生力无疑是人们出人头地的途径之一。当然，借力不仅要借助他人的力量，而且可以借助他人的智慧、想法甚至是名声等。

生活中，我们都强调合作的重要性，的确，独木不成林，单打独斗并不是明智的方法。那些事业有成的人，除了自身的智慧和能力外，跟懂得运用借势的智慧是分不开的。一个人再聪明，条件再优越，也不是三头六臂，也需要借助他人的力量。由此可见，一个人要想成功，就应该懂得借势，而且要在生活实践中灵活地运用借势。

我们现实生活中的每个人，都应该学习借力打力的智慧。在竞争激烈的今天，那些实力弱小的人，如果仅凭自己的力量是很难获得成功的。

善于向他人“借”智慧

生活中的你，可能有过这样的体会：当你演算一道数学题时，你挖空大脑也找不到答案，但当你回过头重新看时，你会发现，原来你走得艰辛的一步已经被其他人解决了。的确，如果你只是着眼于手上的事，并一门心思解决，那么，你很可能陷入思维的局限中，只有从宏观角度把握，你也许会发现，借助他人的思维成果往往让自己省去很多烦琐的思维过程。

我们都知道一个道理，一个人的力量是有限的，任何一个人，单打独斗都不可能取得胜利，而聪明的人懂得借力打力，懂得向他人“借”智慧，这样，你才能够在社会中站得稳、行得端。

你也许读了很多成功人士创业的故事，在每一个成功故事里面，都隐含着他们的传奇人生和发家史，他们的成功，在为我们这个时代和他本人创造财富的同时，也为我们提供了他们累积起来的珍贵创意和智慧；他们的成就，为我们这个时代贡献了一个个可以借鉴、引人思索的经验。

你可以花上10年、20年或30年时间，自己在黑暗中慢慢摸索成功的方法，但在信息如此发达的今天，这样做显然是愚蠢的！最聪明的办法是站在巨人的肩膀上登高望远，踏着成功者的脚步走，用最短的时间学习顶尖高手的成功经验。

毕加索说过：“优秀的艺术家靠借；伟大的艺术家靠偷。”这句话语阐明了一个道理，不管你做什么事情，要想快捷成功，需要学习或借鉴前人的成功经验。成功人士都是这样走过来的，碰到难以解决的问题，从同行的成功者过去的经验里寻找突破口。花旗银行亚洲区主席梁伯韬说过：“民营经济和中小企业要总结前人的经验，我希望在中国出现更多的李嘉诚。”

“他山之石，可以攻玉”，借鉴成功人士在某一领域成功的方法、步骤为己所用，通过学习别人的经验，可以缩短自己的奋斗历程，使自己在追求成功的路上少走弯路，从而赢得宝贵的时间。

的确，很多事，也许你做不到，但别人可能做到，毕竟每个人的经历不同、知识阅历不同、人脉不同，“横看成岭侧成峰，远近高低各不同”“一千个读者，就有一千个哈姆雷特”，就是对这一含义的最佳诠释。

事实上，每个人都有自己能力所不能达到的死角，单打独斗的人永远成不了大气候。一个人要想走捷径，就要学会向自己的对手“借”智慧，这样，才能够取得成功。

借鸡下蛋，打开财路

假设你现在准备在生意场上大干一场，那么，你现在最缺的是什么？你当然会回答“资金和技术”。那么，如果你没资金怎么办？此时，如果你有足够丰富的人脉资源，那么资金和技术问题就能迎刃而解。这就是我们传统观念中的“借鸡下蛋”。

灵活运用“借鸡下蛋”这一招，在财富积累方面会让你受益匪浅。在我国的传统观念中，做生意需要本钱，没有本钱就无法做生意，认为借钱赚钱是无能的表现。这种思想观念其实早已过时，抱有这种观念的人，可能一辈子不论怎样辛苦劳作，也摆脱不了贫困的生活。现代的商海弄潮儿，在创业之初，有多少人怀里拥有很多本钱？但是，没有本钱不要紧，就看你有没有本事和足够的胆识去“借”。

善借别人的钱赚钱、善借别人的脑赚钱、善借别人的名声赚钱等，都是睿智的借力之举，是发财的绝妙高招。许多有能力的企业家在经营中很善于克服不利因素，运用高超的思维想出解决问题的新思路，他们尤其善于在解决资金问题方面妙招频出。那么怎样才能让自己在最短的时间里获得大量的财富呢?最好的办法就是用别人的钱做自己的生意，也就是——借鸡下蛋。

一位著名的企业家通过“十年修得同船渡”的方法结识许多社会名流，他的经验是：“每次出差的时候，我都选择飞机的头等舱。一个封闭的空间，不会有其他杂事或电话干扰，可以好好地聊上一阵。而且搭乘头等舱的都是一流人士，只要你愿意，大可主动积极地去认识他们。我通常都会主动地问对方：‘可以跟您聊天吗？’由于在飞机上确实也没事可做，所以对方通常都不会拒绝。因此，我在飞机上认识了不少顶尖人物。”

可能很多人认为，结交有钱人是一种趋炎附势的表现，其实，这是人之常情，你无须畏缩，只需要拿出勇气和智慧来，与有钱人交往、沟通，不断地从内在和外在两方面一起提升自己，一步步迈入名流行列。

盖茨最初与IBM合作的故事就十分有代表性。

当时盖茨和他的微软公司不像今天这样庞大和赫赫有名，

他们最初开发的软件都是小型厂商的。当IBM突然找上门来时，盖茨满口应承，声称可以马上开发出IBM想要的操作系统。当然，世界首富的思路确实不同于常人。在与IBM签订协议后，盖茨没有挑灯夜战，自己去编写程序来开发这样的系统——在规定的时限内那是不可能完成的任务。相反，他找到一家已经完成电脑操作系统开发这项复杂工作的公司，并最终以5万美元的价格买下了这套操作系统。这套系统经过盖茨6周的改装后成了大名鼎鼎的MS-DOS操作系统。在MS-DOS操作系统基础上，微软后来又开发出Windows操作系统，今天，微软的操作系统已经占据全世界90%的个人电脑市场。

不难看出，盖茨之所以能抓住原本并不属于他的机会，实际上是利用了市场中存在的信息不对称和不均衡，通过扮演中间人的角色，联结起双方的市场，从而实现自己的“无中生有”。但是盖茨远比一般的“倒爷”高明，他并没有仅仅赚个差价，而是把生蛋的母鸡也抱回自己的家。

然而，打入有钱人的圈子也并非易事，一位著名的公关专家说过这样一段话：“要发展事业，人际关系不容忽视。费心安排的话，人际关系便能由点至面，进而发展成巨树。有了巨树我们才能在巨树的树荫下休息，坐享利益。社会地位愈高的人，在拓展事业的时候人际关系愈是重要。但是总不能因此就拿着介绍信去拜会重要人物。就算登门造访人家也未必有时间见你，因为执各界牛耳的人物，通常都排有紧凑的日程表，即使见面，也不过5分钟、10分钟的简短晤谈，无法深入。所以，制造与这些人物深入交谈的机会，非得另觅办法不可。”

不得不说，商场如战场。一个成功的商人在没有硝烟的战场上，要想游刃有余，不仅需要非凡的气魄，最关键的是要有超人的智商和随机应变的本领。所以，想致富的人别老把目光盯在本钱上，本钱固然重要，但是，即使你没有本钱，如果善用“借”的手段，那么，也有可能圆你的致富梦。

绝不坐等时机，缺乏机遇时就自己创造

生活中，人们常说，金子不是在哪里都会发光的，这句话强调机遇的重要性。的确，不是每一位有才华的人就一定会飞黄腾达，当机遇不来的时候，怨天尤人也无济于事。当机遇来临的时候，犹豫不决、畏缩不前则是你自甘平庸的症结。

对于有志成就一番大事的人来说，每一个小小的机会都显得十分重要。但是，如果干柴遇不到火种，永远都不能燃烧；千里马碰不到伯乐，只能一辈子拉车……在人生的道路上，机会均等，如果你想有所建树，就要善于把握机会，绝不放弃。

然而，机遇不会从天而降，需要创造。只有愚者才等待机

会，而智者则造就机会，机遇总是给予有准备的人。

人说：“千里马常有，而伯乐不常有。”这句话运用到当今这个人才济济的社会中，则是另一番理解：我们任何人，不要总是坐等命运的垂青，而应该主动去争取机遇，才能在人群中脱颖而出，才会被幸运之神光临。即使有出类拔萃的才华，不会创造机遇也会被埋没。生活中，有很多这样的人，总是抱怨自己时运不济，庸庸碌碌地等待天上掉下来的馅饼，其实生活中很多机会的苗头已经在向他招手，可是他却不知道争取，只能望洋兴叹。

一天，拉尔森要乘火车去纽约。由于到纽约度假的人很多，拉尔森又没有事先订票，因此，当他的夫人前去为他买票时，车票已经售光了。就在他感到没有希望的时候，车站人员又说了一句话：“如果你不怕麻烦的话，可以到车站看看是否有人退票。不过，这种可能性非常小，或许只有万分之一……”

在这种情况下，人们通常会打消出行的计划，他的妻子也劝说拉尔森：“亲爱的，买不到车票，你就别去了。”

但拉尔森却说：“我到车站去等退票。”

妻子关切地说：“亲爱的，如果你在车站等不到退票怎么办呢？”

拉尔森平静地回答道：“那样的话，就算我拿着行李出去散了一趟步。”说完，他提着收拾好的行李赶往车站。他在车站等了好久，始终没有人前来退票，当乘客拥向月台的时候，车站的工作人员对他说："先生，都这时候了，不会有人退票了，您还是回去吧。"

"没关系，我再等一会儿，如果还没有人来退票，我再走。"拉尔森回答，然后像没事人似的，继续耐心等待。大约在火车开动前5分钟时，有一位女士匆匆赶来，因为她的孩子生病了，她只得把今天的车票换成以后的车次。拉尔森买下那张车票，登上了前往纽约的火车。

到达纽约后，拉尔森先在酒店里洗了一个热水澡，缓解一下乘车的疲劳，然后躺在舒适的床上给妻子打电话："亲爱的，我相信一个不怕吃亏的笨蛋才是真正的聪明人，所以我抓住了那万分之一的机会。"

在通往成功的道路上，处处都可能有被错过的良机，只有善于把握机会，哪怕是万分之一的机会，你的人生理想都有可能尽快实现。

一个人能否改变自己，就要看人生是否能转折，只有学会伺机而动的人，才能为自己制造机遇，从而改变自己的命运。活在当下的人们，不要总是埋怨社会的残酷，也不要总是认为自己怀才不遇，更不要抱怨社会的黑暗，所有的抱怨并不能改变你的现状，不妨把所有的怨气化作争取机会的动力，为自己造就机遇。什么都不做，只能等待死神的宣判。

古里是某大学哲学系的研究生，毕业以后就留校做了图书管理员，这份工作对于挤在找工作人流中的大学生来说，已经算是不错的职位，可是古里是个有抱负的年轻人，他不想自己的余生就被限制在学校这个小范围内。但由于工作难找，他一直也没能跳出图书馆这个圈子，但他始终不忘专业课的学习，这一干就是5年，5年对于一个满腔抱负的年轻人是何等的漫长！

但他最终还是赶上了那一趟末班车。一次，省里的领导来学校开座谈会，可是学校领导都不在学校。古里毛遂自荐代表学校在会上做演讲，这是古里的强项，果不其然，古里以出色的口才和过硬的专业知识获得了省里领导的好评，后来他就被推荐到省政协，这难得的机遇成了古里人生的转折，他从一个图书管理员一下子到自己向往已久的政界。达成愿望的他，处处为人民谋福祉，为人民做了不少好事。

机会是自己创造的，古里就是会伺机而动、审时度势，成功为自己创造了机遇，改变了自己的命运，完成了自己的人生理想。

深受中国几千年儒家教育传统的影响，在中国人的心目中，“深藏不露”是绝对的褒义词，在这样的教育观念的影响下，越是有学问、有本事的人越得藏着、掖着。“是非只为多开口，烦恼终因强出头”，这些“金玉良言”从小就熏陶着我们。可是，时代在进步，观念在更新，机会不会自动地找上门，只有不断地醒目地亮出自己，吸引别人的关注才能够创造机遇。

作为新时代有凌云壮志的人们，摒弃那些传统的枷锁吧，学会“审时度势”，时刻亮出自己，这样才能成为被时代接纳的新人，在平时就要做好挑战机遇的准备，等到时机成熟，才可以大展宏图！

学习他人的经验，也要进行取舍

在人生的道路上，每个人都梦想着能够获得成功，因而他们总是学习成功者的经验，更有甚者把成功者的成功模式照搬过来，套用到自己身上。殊不知，每个人都是一个独特的个体，这也就决定了每个人的人生都是不可复制的。我们可以学习成功者的经验，但是却不能全盘照搬成功者的经验，否则就会因为情况不相符导致经验不可用，或者无法起到预期的效果。此外，万事万物都处于随时随地的变化之中，我们处理事情和解决问题时，必须根据事情当时的现实情况做出定夺，而不能仅凭他人成功的经验就冒进，否则带来的只会是损失和挫折，而不会是成功的再现。

毋庸置疑，他人成功的经验一定是值得我们借鉴的，正如郑板桥所说，学我者生，似我者死。这句话告诉我们必须学习，而不能一味地模仿和复制，否则就会毫无生命力可言。向成功者学习也是如此，只能学习其神，而不能学习其形，否则就无法得到其成功的精髓，也使我们的学习陷入被动和消极之中。

记住，他人成功的经验并非是包治百病的灵丹妙药，因而不能放之四海而皆准。明智的人在学习的过程中一定会进行取舍，取其精华，去其糟粕，这样才能让学习事半功倍，也使我们获得成功的道路更加通达。

一些投资者总结，投资的秘诀就是相信股市中名声最大、最成功的投资者的意见。对此，巴菲特提醒说，投资的时候不要被权威的意见所左右，要相信自己的判断能力，勇于挑战权威。正是对权威的质疑和挑战，才令他在投资的路上越走越远，越来越成功。

巴菲特的老师格雷厄姆在投资界享有很高的声誉，他的理念对当时企业资产评估的方式产生了很大的影响，但巴菲特却觉得老师的理念存在缺陷。巴菲特认为，格雷厄姆只看到了企业的有形资产，却忽视了企业的无形资产，企业和其他机构不同之处就在于企业拥有品牌价值这种无形资产，这种无形资产可以为企业带来丰厚的实际效益。

通常情况下，一个人要有一定的造诣，才能成为某方面的专家。对于刚刚踏入某个行业的初学者，专家的一句指点犹如金科玉律，可以让你少走很多弯路。敬重专家权威，就是敬重知识、敬重能力，是人谦虚好学的表现，可是，如果自己在权威的追逐超出应有的限度，甚至到了盲目的地步，那就不是明智，而是愚蠢了。

面对任何问题，要想真正解决问题，都必须从现实出发，一切脱离现实解决问题的方案，哪怕听起来或者说起来多么完美无瑕，都是站不住脚的。尤其需要审时度势，才能不再拘泥于常规或者是他人成功的经验，所谓变通，只有变才能通。

古往今来，大多有成就之人，都不会盲目相信权威的观点，而是对权威的观点大胆质疑、小心求证，并不顾世俗的眼光，勇敢地向全世界表达自己的看法和观点。那些盲目相信权威，对权威的话不假思索就完全相信的人，往往缺乏独立的思想和正确的头脑，这样的人做起事来非但不会成功，还会时时伴着挫折和失败。

“智者千虑，必有一失”，“好车把式也有翻车的时候”，即使是专家权威，也不可能做到样样精、时时明。更何况，在现在这个纷繁复杂的世界，到处都是真真假假、假假真真，专家这个头衔的含金量也大打折扣，那些所谓的权威其实并没有我们想象的那般厉害。盲目相信这些人只会扰乱自己的判断，让自己误入歧途。

第10章

你的每一次坚持，都是一次看不见的进化

有人说，人生就像一场比赛，而那些冠军，即便出发时没有别人速度快，但是一定会坚持到最后，也就是说，恒心是我们每个人获得成功人生的前提。的确，没有人能随随便便成功，梦想，只有坚持，才有实现的一天。世界上的事情就是这样，成功需要坚持，我们也要记住这一点，做任何事，如果有丝毫之松懈，你就会前功尽弃。

真正的梦想，值得我们用尽一生去坚持

我们每个人都是有梦的，自打孩提时代时，我们就在编织着属于自己的梦。梦想，就像我们人生的航标，黑暗中指引我们前进。但追求梦想的过程是艰辛的，有的人甚至用一生来完成一个梦想，但无论如何，只要我们坚持梦想，不轻易放弃，即便是慢吞吞的蜗牛也能成功。所以，任何一个还在追梦路上的人，都别担心，只要你有梦想，慢一点完成也会成功。

每个人都有自己的梦想，或者说哪怕是原本没有梦想的人，只要想为自己设立梦想，那么很容易就能拥有梦想。和拥有梦想的过程相比，实现梦想的过程显得无比艰难。不管我们的梦想是什么，只要它高于我们的人生，我们就必须竭尽全力、不遗余力，才能最大限度接近我们的梦想。当然，实现梦想并非只靠顽强的毅力和坚韧不拔就能做到，我们还需要天时、地利、人和等诸多有利因素的配合，才有可能实现梦想。由此可见，我们有梦想是远远不够的，还必须用尽一生去坚持梦想，才能真正实现梦想。

遗憾的是，现实生活中，很多人分不清楚梦想和爱好之间的关系。很多人误以为自己是有梦想的，但是在追逐梦想的过

程中，遇到困难之后就轻易放弃，从而改变自己的梦想，让自己的人生如同浮萍一样随波逐流。真正的梦想，值得我们用尽一生去坚持，它就像是我们人生的引航灯，始终指引着我们人生的方向，让我们绝不轻易放弃。爱好则不同，生活中不乏有些人因为一时冲动产生了爱好，后来又因为畏惧艰难选择放弃。由此可见，爱好是可以随时改变的，也无法指引我们的人生。

如今，很多年轻人都热衷于穿以斯克劳斯与戴维斯为品牌的牛仔服装。但是，却很少有人知道这个品牌的创始人——斯克劳斯的故事。不得不说，斯克劳斯创立牛仔服装品牌的过程充满传奇性，也是跌宕起伏的。

斯克劳斯的妈妈是个裁缝，从小因为受到妈妈的影响，斯克劳斯也很喜欢制作衣服。然而因为家境贫寒，他并没有很多布料可以多多练习裁剪，因而他就用妈妈给人做衣服剩下的废弃布料，做形形色色的小衣服。一个偶然的机会，斯克劳斯得到了一块旧的帆布。对他而言，这么大的一块布是很珍贵的，因而他用这块帆布给自己做了一套衣服。那个年代，根本没有人用这样的粗硬布料做衣服，因而看到的人都对斯克劳斯指指点点，还说他是疯子！后来，妈妈看斯克劳斯真的很喜欢时装，就而建议他拜当时大名鼎鼎的时装大师戴维斯为师，从而更好地学习。当年，年仅18岁的斯克劳斯带着自己亲手设计和制作的粗布衣服来到戴维斯的公司。虽然除了戴维斯以外，公司里根本没有人对斯克劳斯的服装作品感兴趣，但是斯克劳斯得留下来。

起初，戴维斯很支持斯克劳斯，并且鼓励他设计粗布衣服。但是，因为当时的人并不喜欢穿这种粗布衣服，因而大量服装积压在库房里，最终导致戴维斯对斯克劳斯也产生了怀疑。但是，斯克劳斯从未放弃自己的梦想，他坚信终有一日人们会喜欢上这种粗布衣服，所以他一直坚持设计和改良粗布服装。后来，斯克劳斯尝试着把这种耐磨的衣服运到非洲给劳工们穿，因为价格低廉、结实耐穿，这些衣服居然全部卖光，从此他渐渐打开粗布衣服的销售局面。

经过用心设计，斯克劳斯还把粗布衣服制作成适合旅行者穿的款式，居然受到旅行爱好者的追捧。他们发现，这样的衣服穿在身上别有风味，而且因为布料粗糙耐磨，所以更多的人开始接受和喜欢粗布衣服，最终这种由斯克劳斯设计的粗布衣服被称为牛仔服，风靡全球。

假如不是斯克劳斯坚持自己的梦想，不断设计、创新和改良自己制作的粗布衣服，而且绞尽脑汁地打开销路，使粗布衣服得到越来越多人的认可和喜爱，那么世界上也许迄今为止还没有牛仔服的出现呢！如今，很多户外旅行爱好者，包括很多爱美的人士，都非常推崇牛仔服。这就是坚持梦想的力量。每个人在实现梦想的路上，都会遭遇坎坷挫折，也会遇到很多的艰难时刻。我们唯有始终坚持梦想，绝不放弃，才能最终熬过成功前的艰难时刻，从而成功创造自己的人生，实现自己的梦想。

现实生活中，我们总是羡慕成功者人前的光鲜亮丽，却不知道成功者之所以成功，是因为他们在坚持梦想的道路上从未动摇，更未放弃过。假如你们曾经背弃过梦想，也遭遇了失败的折磨，那么从现在开始就要努力坚持梦想，绝不放弃梦想。唯有用一生去坚守梦想，我们的人生才能越来越接近成功，我们的未来也才会辉煌灿烂。

没有打不倒的困难，没有到不了的明天

人生在世，几乎每个人对于人生都有自己的梦想和渴望，也对未来怀着憧憬。然而，有梦想的人生，未必是一帆风顺的人生，大多数已经实现人生梦想的成功者，无一不是在人生路上不断奋斗和努力，最终超越人生困境、跨过人生坎坷的。他们很清楚，有梦想只是起航人生的第一步，随之而来的是，我们必须把梦想变成现实，勇敢地迈出实现梦想的第一步，这样我们的人生才能不再晦暗，我们的未来也才充满光明和希望。

一个农场主在巡视谷仓时不慎将一只名贵的金表遗失在谷仓里。他到处找都找不到，于是在农场门口贴了一张告示：如果有人能够帮忙找到金表，奖励100美元。

人们面对重赏的诱惑，都卖力地四处翻找，然而谷仓内谷粒成山，还有成捆成捆的稻草，要想在其中找寻一只金表如同大海捞针。

人们忙到太阳下山，仍没找到金表，于是他们开始抱怨，一会儿抱怨金表太小，一会儿抱怨谷仓太大、稻草太多，最后他们一个个放弃了100美元的诱惑。有一个穷人家的小孩在众人离开之后仍不死心，努力寻找，他已整整一天没吃饭，希望在天黑之前找到金表，解决一家人的吃饭问题。

天越来越黑，小孩在谷仓内坚持寻找，突然他发现一切喧闹静下来后有一个奇特的声音，那声音“嘀嗒、嘀嗒”不停地响着。小孩顿时停止动作。谷仓内更加安静，嘀嗒声响得十分清晰。小孩循声找到了金表，最终得到了100美元。

如同谷仓内的金表，早已存在于我们周围，散布于人生的每个角落，只要执着去寻找，专注而冷静地思考，我们就会听到那清晰的嘀嗒声。成功的法则其实很简单，那就是坚持，然而大多数人认为这些法则太简单了，没有坚持，不屑于去做，他们也便成了成功门前的过客。

日常生活中，我们总是羡慕成功者，仰望他们身上的光环。殊不知，所有的成功者，都是在经历成功之前的晦暗时刻，艰难地熬过来，才能获得成功的。他们心中始终揣着梦想和理想，因而哪怕经历再多的艰难坎坷，也能够一往无前，绝不退缩和放弃。

据一项心理学统计，一个普通的人可以忍受被拒绝和失败的次数通常以三次为限，但是一个成功的人，他可以忍受失败的次数，应该是几次？答案是：无数次！“只要功夫深，铁杵磨成针”，执着的故事激励人们要坚持不懈，执着成就了李白、王安石等大文豪。一位著名的科学家在获奖时，记者问他最要感谢的老师是谁，他说是执着。执着是全世界人民共同的导师，缺少执着是人类共同的敌人。但是执着不等于一味埋头苦干，也要学会变通，如愚公移山，愚公的精神是好的，可是这种执着却不被现代人所提倡，灵活变通，这样的效果才是最好的。

美国前总统林肯坚信：“上帝的延迟，并不是上帝的拒绝。”成功就是屡败屡战，然后从每一个失败中学习，把每一次的失败经验，当成自己下一次成功的资本。就像爱迪生在发明电灯时，他虽然试了1000多次不同的材料做灯丝都失败了，但他并未气馁，爱迪生说，经由这1000多次的实验失败，他已经知道有1000多种材料不适合做灯丝。换言之，之前的每一次失败，都让爱迪生越来越接近成功。

对于我们来说，失败并不可怕，如果你能用乐观的心态、思考的眼光看待失败，失败就是一种宝贵的人生经历。反而是那些一向顺风顺水的人，一点吃苦的经验也没尝到，一点挫折感也没有，一遇到挫折和难关，便容易一蹶不振。

总之，我们需要记住先哲的一句话：“生命中的每个失败、每个伤痛、每个打击，都有其意义。当你正视失败，并把失败看作成功的基石时，成功就会莅临在你头上。”没有打不倒的困难，没有到不了的明天。谁的人生路上会永远一帆风顺呢？谁的青春岁月不是在拼搏和奋斗中度过的？如果我们因为年纪小，不了解其中的道理，不如问问身边那些年长的人，他们一定会告诉我们人生是熬过来的，是一波又一波一折又一折这么跌宕起伏过来的。因而要想成功度过人生的沟沟坎坎，我们就必须让自己的内心变得更加强大，从而才能拼尽全力，为了我们明日的安逸舒适，付出我们今日所有的能力和精力。

不放弃的人，从不会无路可走

我们都知道，在人生的道路上，困难和挫折是难免的，人生的起起落落也无法预料，但是有一点我们一定要牢牢记住：不放弃的人，从不会无路可走。当我们遇到逆境时，千万不要忧郁沮丧，无论发生什么事情，无论你有多么痛苦，都不要整天沉溺于其中无法自拔，不要让痛苦占据你的心灵。困难来临时，我们要有勇气直面困难、打倒困难，以顽强的意志战胜困难。

哲人曾说，信念是支撑一切的前提，只要信念还在，希望就在。许多人一陷入困境，就悲观失望，并给自己施加很重的压力，其实，应告诉自己，困境是另一种希望的开始，它往往预示着明天的好运气。因此，你只要放松自己，告诉自己希望是无所不在的，再大的困难也会变得渺小。

希望给人以坚定的信念，心中没有希望就不会耐心地等待，最美好的希望往往产生于最无望的逆境中。人生路上，每个人在某个时刻都会面临绝境，但它往往并不是真正的生命绝境，而是一种精神和信念的绝境。只要你的精神不垮，在绝望中也能找到希望之花！

法国前总统密特朗身患前列腺癌时，坦然面对这件事，积极治疗，直至坚持到自己的任期届满。西哈努克、里根同时也是癌症患者，但是他们并没有因为患病而影响情绪。遍布全国各地的“康复乐园”中总会活跃着一大批癌症患者，他们用自己的感受感染彼此，在心理上相互协助，相互交流美好的人生，比心理医生更容易产生效果。就像一句罗马格言所说的：“生命就像一篇小说，不在于长，而在于美好。”活一天就要开心一天，对过去的一天不抱怨，对接下来的一天充满希望。

在复杂的社会生活中，每个人都容易遭受心灵冲击，因此谁都应该做好适应、自我调节与自我保护的心理准备。身患重病，心理上也会受到冲击，确诊了癌症，难免忧虑又痛苦。然而，每个人都有巨大的心理潜能，心理健康的人擅长使用自我心理防卫功能及时调整自己的心态，让自己尽早脱离苦闷，同时更加珍惜生命，为下一步治疗做好准备。

总之，人生的路上，在我们追求梦想的过程中，遇到困难不可怕，遇到挫折也不可怕，可怕的是失去希望。希望就是力量。在很多情形下，希望的力量比知识的力量更强大，因为只有在有希望的前提下，知识才能被更好地利用。一个人，即使一无所有，只要他有希望，他就可能拥有一切，而一个人即使拥有一切，却不拥有希望，那就可能丧失他已经拥有的一切。有句话说得好：谁人一生无磨难，善待人生少忧烦。乐观开朗多珍重，笑对人生尽天年。那么我们为何不开怀大笑呢？笑着迎接无数明天的阳光呢？

坚持是一种力量，助你成就非凡

生活中，我们每个人都烧过开水——需要不断给水加热，若是在水99摄氏度的时候停止加热，那么它永远也不叫作开水。同样，很多人的人生轨迹就如同这一壶水一样，在差一度就可以沸腾的时候戛然而止，永远地停留在失败者的行列中。

心理学教授丹尼尔·吉尔伯特认为：当一个人憧憬未来，在他看来，他似乎已经经历了那种美好，但实际上，这不过是一个想象的黑洞，是虚无的。的确，对于未来的过分憧憬，反而会抹杀自己对未来更为可靠的理性预测。

其实，任何时候，成功都始于源源不断的工作热忱，你必须热爱你的工作。热爱你的工作，你才会珍惜你的时间，把握每一个机会，调动所有的力量去争取出类拔萃的成绩。

总之，我们要明白，只有你全心全意认准一个目标并为之奋斗，无论如何都不动摇自己完成目标的意志，善始善终地朝着既定的目的地前进，才能成就自己当初的梦想。如果看到什么新鲜东西就改变自己的目标，那么你可能不只是偏离自己已定的轨道，很可能会绕着圈子回到原点。即使你没有反复改变目标，只是被其他东西吸引，对自己的目标产生怀疑和改变的想法，那么也会牵绊住你向前的脚步，羁绊你奋斗的信心。

冠军只属于冲刺到终点的人

常言道，世上无难事，只怕有心人。即使火焰山那么烈焰灼天，孙悟空还是借来了铁扇公主的芭蕉扇，顺利翻山越岭。在生活中，每个人都应该是会七十二变的孙悟空。即使遇到千难万险，也始终不忘初心，不离不弃地陪伴师父到西天取经。我们每个人也有自己的目标，在人生的路上，正是这目标，不断指引我们前进，奋发进取。在生活中，常常有些人一遇到困难就产生浓重的畏难情绪，根本不知道如何应对。其实，兵来将挡，水来土掩。不管遇到怎样的困难，只要我们摆正心态、正面面对，困难总是能够解决的。

从本质上来说，人生就是攀登的过程。我们经过努力，爬上一个顶峰，然而，很快又会有更高海拔的山峰在等着我们。如果遇到困难就放弃，那么我们永远也无法抵达成功的顶峰。在遇到看似不可逾越的困难时，一定不要急于否定自己。

俗话说，条条大路通罗马。每个人只要用心思考，即使这条路走不通，也会有其他的路能够到达目的地。重要的是，我们应该心中怀有希望，这样才能坚持不懈地努力。生命不止，奋斗不息，任何人的人生要想不断进取，就要如此坚持不懈、持之以恒。

同样，生活中的人们，无论你做什么事，要想获取成功，就得付出坚强的心力和耐性，并且在失败面前要有“再努力一次”的决心和毅力。

在我们的生活中，也有不少人，在他们的内心，都有自己的梦想，但紧张的工作可能让你搁浅心中的梦想。但你发现没有，正是因为你失去了梦想，你才会显得无力，没有热情。任何人的潜能只有具有一个很大的动力，才会被最大限度地激发出来。而在这个过程中，最为重要的就是在面对压力、挫折、困难时是否有继续向前的愿望和动力，任何想要成功的人，他首先要学会的就是坚忍不拔，要能够超越失败，成功才会离你越来越近。

为此，生活中，正在为梦想奋斗的人们，你需要记住以下这两点：

1.不要轻易放弃

坚持到底是一种最值得提倡和嘉奖的品质。艾森豪威尔说：“在这个世界，没有什么比‘坚持’对成功的意义更大。”的确，世界上的事情就是这样，成功需要坚持。雄伟壮观的金字塔的建成正因为凝结了无数人的汗水；一个运动员要取得冠军，前提就是必须坚持到最后，冲刺到最后一瞬。如果有丝毫之松懈，你就会前功尽弃，因为裁判员并不以运动员起跑时的速度来判定他的成绩和名次。

2.做事有计划，减少出错的可能

世界上什么东西能给你带来信心？成就。成就是靠什么取得的？努力。努力是取得成就的必要条件。但光努力还不行，做事还要讲究方法、讲究效率。做好计划、按计划行事，不仅可以提高工作效率，而且可以减少出错的可能，也就减少丧失信心的机会。

第 11 章

你有多凶猛，世界就有多软弱

人生路上，尤其是追求梦想的过程中，我们都希望一切心想事成，但这只是美好的愿望，我们越是渴望成功，失败越是会光临我们，而其实，失败、挫折、逆境是宝贵的财富，你跌倒的次数越多，你的人生经历就越宝贵。对智者来说，失败是上天给予的恩宠，偏偏，许多人辜负了上天的一番好意，只看到其中的痛苦，却不能从中吸取经验。不能从失败中吸取教训的人，迎接他的，必将是再一次的失败。我们发现，那些成功者，他们也并没有天赋异禀，但是却一定有勇敢面对挫折和磨难的能力。正因为如此，他们才能把握住不幸的机会，将其转化为幸运，也使自己拥有成功的人生。

失败并不是一无是处

人生路上，每个人都希望自己的人生能够与快乐、幸福相伴，而希望厄运远离自己。但是，造化弄人，我们常常会发现凡事不能尽如人意，尤其是当我们渴望成功的时候，挫折更是会常常与我们结伴而行。其实，在人生的大学堂里，失败和挫折是最好的老师。每个人都必须从这所学校毕业，唯有经过这所学校的学习，你才能学会独立思考，学会坚持不放弃，学会坦然面对得失，学会坚定不移地选择，学会如何笑对人生。有心理学家证实，对挫折的体验，能够使人快速学会如何应付风险，而战胜风险，恰恰可以帮助我们不再惧怕失败。不曾经历过失败和挫折的人生，是苍白的，就像温室里的花朵，经不起风吹雨打。

哲学家科林斯说：“不曾经历挫折，成功只是短暂的表面现象；只有历经过挫折的磨难，成功才能历练成金。”挫折并不可怕，经历了挫折却没有从中汲取经验和教训，才是最可怕的。遇到挫折时，强者不会一味消沉，而是将其作为对自己的挑战，作为奋斗的起点。逃避挫折永远无法解决问题，唯有面对挫折，才能真正战胜挫折。强者不但能战胜挫折，还会从挫折中吸取人生的营养和智慧。只有这样，他才能在面对挫折和战胜挫折的过程中，迅速变得强大，最终获得成功。

1984年，俞敏洪留校当了教师。六七年之后，为了赚取出国学费，俞敏洪到校外的民办外语培训机构教课，被北大发现后受到严肃的通报批评。他愤然辞职开始了新东方创业历程。起初，他租用中关村二小的一间小平房，俞敏洪拎着糨糊桶，不得不在零下十几摄氏度的冬夜到处张贴招生广告。1995年，新东方急速发展起来，拓展了业务领域，完成了向现代公司的转变。到年底时，在校学生数已经达到千人的规模。

据公开资料统计，每年有近1000万人接受新东方的英语培训。2005年9月7日，新东方成功登陆纽约证券交易所，发售了750万股美国存托凭证，一举融资1.125亿美元。新东方成了第一家在海外上市的中国教育培训公司，俞敏洪成了有史以来中国最富有的教师。

俞敏洪的成功是历练的结果。其坎坷不平的人生道路造就了俞敏洪不屈不挠的性格，造就了俞敏洪踏实前行的人生之路。他的经历告诉我们，成功的人生必然要接受艰苦的历练。人生旅途道路曲折，有高也有低，有起也有落，挫折是客观存在的。有人说，人生是由幸福和痛苦串成的一串珍珠。谁也无法回避四季的风雨冰霜。逆境只能使成功者受到历练，除此不会有任何伤害。要有一种战胜挫折的信心和勇气，锻炼人的品质，磨砺人的意志，激发人的智能，增长人的才干，显露人的本色。

曾国藩说：“吾平生长进，全在受挫受辱之时，打掉门牙之时多矣，无一不和血一块吞下。”受不了在苦海中历练，经不起挫折考验的人，永无希望，永无前途。

的确，成功的人生是痛苦与失败的交织，是磨难与顺利的交替。卓越的人生从卓越的目标开始，卓越目标的背后必然是充满荆棘和坎坷的路。经受了荆棘的刺痛和坎坷的摔打，追求成功的意志才会坚强起来，历练是人生不可多得的宝贵财富，拥有了这笔财富，就没有什么困难不能克服，没有什么曲折可以把人击倒。丰富的人生历练是走向成功的奠基石。

挫折是一条欺软怕硬的走狗，你弱它就强

在追求梦想的道路上，谁都希望顺风顺水，然而，这只是我们的美好愿望而已。事实上，困难与挫折不可避免，此时，很多人都感到非常糟糕，毕竟这样的人生远远没有幸运的人生来得更加从容淡定。但是挫折并非因为我们拒绝，就会不复存在，它在生活中就像是我们的衣食住行一样理所当然地存在，因而我们要坦然接纳。有些事情糟糕到一定的程度，就不会

更加糟糕。也可以说，当最坏的情况出现，情况就只能变得好转，而不能再变得更坏。所以面对挫折，与其抱怨，我们不如将其当成千载难逢的好机会，从而顺势扭转我们人生的局面。

常言道，自知者明，自胜者强。在人生的诸多坎坷和磨难中，唯有强者才能征服很多艰难的困境，弱者只会屈服。所以我们要在不幸之中磨砺自己的心智，让自己变得更加强大起来。

坚强的人，即使面对再多的失败和挫折也阻挡不了他前进的脚步。为此，我们要坚信：如果在连续多次跌倒之后，一个人还能充满斗志不言放弃，那他就是一个值得敬佩的人，也一定是有所作为的人。

成功者正是靠着坚忍不拔的品质，使自己从社会的底层走向成功。生活中，幸运只降临在那些具备坚韧精神，为最终胜利孜孜不倦付出的人身上，而缺乏这种精神的人，哪怕成功近在咫尺，也只会与成功失之交臂。

成功学大师奥格·曼狄诺曾经指出："一个人，从出生到死亡，始终离不开受苦。人不经过磨炼，就不会完美，生命热力的炙烤和生命之雨的沐浴让人受益匪浅。"

挫折，是倾覆弱者生活之舟的波涛，又是锤练强者钢铁意志的熔炉。没有经历过挫折逆境的人生是不完美的人生，经历过逆境并且勇敢与之作战，最终战胜它的人，才能真正认识自己、认识生活。人一旦身处逆境，与其悲伤流泪、妥协退让，倒不如以现有条件去耕耘、去奋斗。一旦机会来临，自己也有了足够的条件去应付，境遇就会好转。

那么，生活中的人们，遭遇挫折，我们该如何面对呢？

1.坚持自己的目标和理想

人不管在怎样的条件下，都不应放弃对成功的追求。在顺境中，我们以舒畅的心情谋求成功；在逆境中，我们依然应当坚韧不拔地追求成功。逆境看起来像是失败，其实却是一双看不见的智慧之手，强迫人们改变方向，向着另一个更有利的方向前进。

2.学会处变不惊

大喜大悲，都不是可取的处世态度。那些处变不惊的人在逆境面前似乎更能临危不乱。做到这样，无论你遇到什么事，你依然可以拥有一份笑看风清云淡、处变不惊、健康进取的美丽心情！反之，你在经历了逆境的磨炼后，也必然能学会如何淡然处之，这二者是相辅相成的。

一个人不可能做什么事都一帆风顺，困难和挫折是在所难免的。但是，我们绝不能在挫折面前被吓倒，而是要用理智面对它，冷静地找到战胜它的办法。心理承受能力差的人面对突如其来的挫折，或是后退，或是消极抵抗。而那些意志坚强的人认为世上无难事，越是遭受悲剧和打击，越是表现得坚强。一个拥有坚韧精神的人一定不会怀疑自己是否能成功，也从来不惧怕失败，因为他们拥有必胜的信心和坚韧的精神，只知道不断向前冲，不断向目标靠近。

直面失败和错误，并从中学到经验和教训

对于不少人来说，事业都是我们永恒的追求。但干任何一项事业都可能会失败。诚然，避免失败的唯一办法是绝不追求成功，宁可安分守己。不过你其实可以从失败中吸取教训，找出纰漏所在，设法纠正，那么，你就会有扭转乾坤的力量。

的确，失败的过程就是一个学习的过程，无论你有多少关于成功的知识，最终都是纸上谈兵，失败的教训却不同，它能使你更为清晰地认识自身的长短和周围的世界，一个人从失败中学习到的人生经验，印象更深刻，更能使人警醒。而且真正善于总结经验、吸取教训的人，不仅会从自己的经历中吸取有用的东西，更能从别人的经历中取得经验和教训。这样的人不仅不会被同一块石头绊倒两次，更多的时候，他会避开这块石头，或者将它从自己的路上搬走，因为他已经从别人的经验和教训中对这块石头有了清醒的认识。

其实，失败本身并不可怕，真正可怕的是将失败的原因归结到别人或者外部条件上，千错万错都不是自己的错，自己不

过是运气不好，或者是机会不对。很多人之所以不成功是因为没有从失败中吸取真正的经验教训，没有从自身找原因。借口让我们不断地原谅自己、敷衍别人，让自己失去承认错误的勇气，同时也就失去进步的理由和动力。失败的借口让我们无法突破和克服自己，会导致我们不断失败。面对失败怨天尤人的人就会不断失败，而承认自己的不足，并找方法去弥补缺点，则会不断超越自己，达到成功。

细心检讨失败的原因很重要。你一定要正视失败，以免重蹈覆辙。哈佛大学一位心理学教授对许多事业上受过重大挫折而屹立不倒的人进行总结后发现，找到失败的原因并引以为戒是其共同的特征。不管你是谁，你都可能发现自己遭受过同样的挫折，问题是你能否针对这些原因加以改进。

然而，我们发现，生活中，不少人大都好面子，喜欢谈成功的经验，而不乐意讲失败教训。因为谈起经验面上有光，而说到教训总感到心中有愧。其实，教训大可不必讳言，它与经验同等重要，应该引起我们的重视。聪明的人会从失败中学到教训。失败者是一再失败，却不能从中获得任何经验。能从失败中获得教训的人，就能建立更强的自信心。直面错误，积极改正，继续努力，你就可能获得成功。

总之，在人生的旅途中，你必须以辩证的态度面对失败、总结经验、调整方向，就会找出一条属于自己的路来。唯有如此，你才不会被挫折击垮、被失败所伤。因为在人生的路上，毕竟一帆风顺者少，而曲折坎坷者多，成功者大多是在经历无数次失败后才走向成功的。正如通用电气公司创始人沃特所说："通向成功的路就是把失败的次数增加一倍。"失败对人毕竟是一种"负面刺激"，总会使人不愉快、沮丧、自卑。那么如何面对失败，在失败时如何解脱，就成为能否战胜失败、走向成功的关键。

相信奇迹，奇迹就有可能发生

有人说，人生的路途千万条，每一条都有荆棘为伴。坚强者一往无前，无所畏惧，而失败者逡巡不前，最终选择寻找更为平坦的路。殊不知，艰苦的环境不一定就是人生的不幸，相反还会成为磨砺人生的砥石。所以，即使现在你已经进入绝境，你也要相信，坚信奇迹，奇迹就有可能发生。

我们也看到，生命垂危的癌症患者，因为相信奇迹，所以他的病不药而愈；连自己姓名都不认识的文盲，因为相信奇迹，所以成了一代文豪；说话结结巴巴的口吃患者，因为相信奇迹，所以成了举世瞩目的演讲家。宇宙飞船、太空旅行、克隆……曾经世人断定不可能实现的事，现在通通实现了。人类，不相信奇迹，却又亲自创造了一个又一个奇迹，这难道不是天大的矛盾吗？是世界上没有奇迹，还是缺少相信奇迹的热情？

其实，奇迹虽然少，但它确实存在，否则世界上就不会有那么多令人匪夷所思、百思不得其解的事情。可为什么大部分人都认为奇迹永远不会发生在自己身上呢？其实，每个人的一生都或多或少会遇到一些奇迹，只是当奇迹敲响你的家门时，你不敢相信自己会有这样的好运气，只能眼睁睁地看着它跑到别人的身上。

人类为什么不敢相信奇迹？因为人类骨子里是一个胆小鬼。人们习惯用概率来作为自己行事与否的标准，概率大的，做起来就有底气，好似自己一定会成功一样；概率小的，做起来就患得患失，好似自己无论如何努力都不可能改变现状。奇迹发生的概率可能只有万分之一，所以他们宁可早早地放弃，也不会将赌注押在这万分之一的可能性上。在他们看来，相信奇迹的结果，就是自己被愚弄，被嘲笑，被挤压到更加尴尬的境地。

“世界之大，无奇不有”，任何事都在情理之内、预料之中，所以，奇迹是真真切切地在这个世界上存在着的，也随时随地都可能降临在我们身上。即使奇迹发生的可能性只有万分之一，我们也要时刻做好准备迎接奇迹的到来，只要相信，奇迹就会发生。

如果你的产业被大火付之一炬，在废墟中，你是否有勇气高唱：从头再来！东北的一位女士这样做了。

小刘自己创办了一家小企业，效益还算不错。但天灾让她瞬间一无所有。仅两个多月，一场无情的大火再次把她推入谷底。那天，一阵急促的电话铃声把小刘惊醒："经理，不好了，厂子着火了！"小刘眼前一黑，跌跌撞撞跑出家门。距离工厂不远时，已经看到翻滚的黑烟直冲天空。她走入工厂，看到整个厂房都被烧塌架了，工人们拿着水桶、脸盆还在救火，满身焦黑。在东北这个最寒冷的早晨，她无声地哭了。马上要交给客户的货都烧没了。但她更担心自己的工人，她让工人都站出来，挨个点名，得知都安然无恙，她吁出一口长气。

站在一片焦黑的瓦砾中，她沉思良久，走到工人面前，深深鞠了一躬，高声说："厂子和货都烧没了，现在如果有人想走，每人发200元天亮就可以走。如果大家能留下来，我一定不会让大家失望的。一年后的今天，我为大家举行庆功会！"

工人们半晌没有吱声，这时不知是谁带着哭音唱了起来："心若在，梦就在，天地之间还有真爱；看成败，人生豪迈，只不过是从头再来……"是啊，这是为他们经理的行动唱的。她用行动唱了最动听的《从头再来》。18天后，人们看到工厂奇迹般浴火重生了。而且由于她很好的人际关系，工厂很快恢复了运转。

信念是一种力量，这种力量可以让一切的不可能变为可能，让一切希望都成为现实。只要你相信奇迹，奇迹就有可能实现，你不相信，那奇迹就永远都不可能发生在你身上。

相信奇迹的人们，即使奇迹没有发生，他会也在离奇迹最近的位置。如果你相信自己将来可以成为世界首富，那你就会在不知不觉当中，要求自己的一言一行、一举一动都符合一个世界首富的标准。若干年后，即使你的财富不是天下第一，但多年的努力也会让你成为一个富裕的人。倘若你不相信自己将来能取得这样大的成就，就会在无形中放低对自己的要求，最后沦落为世界倒数第一。

谁的成功，都不会手到擒来

有人说，人生是一次长途跋涉，旅途中常常有曲折和险阻。如果抱着只希望走一帆风顺之路的心态，而不会转弯的人，恐怕是难以登上人生的制高点的，因为谁的成功都不会手到擒来。在生活中的你也会遇到一些难题，此时，你难免会产生一些焦躁的情绪，但焦躁对于事情的解决毫无帮助，你只有静下心来，才能冷静地思考解决的方法。因此，无论发生什么，你都要记住，一定要有个好心态，不到最后一刻不要放弃。

巴菲特是家喻户晓的股神，他是集财富与智慧于一身的一个商业奇才，然而，他的投资事业，绝对不是一帆风顺的，在1973年~1974年那场严重的经济衰退中，他的公司受到严重打击，股价从每股90美元跌至40美元；在1987年的股灾中，他又受到冲击，公司股价从每股4000美元跌至3000美元；在1990年~1991年海湾战争前的几个月内，他再次遭到重创，公司股价从每股8900美元急剧跌至5500美元。

在投资的路上，巴菲特经历了很多，但他并没有被打垮，因为他知道，成功和挑战是相伴相生的，要攀上成功的巅峰，他早就已经做好迎接所有困难的准备。

成功，看上去很美，但背后却蕴藏着无数的酸甜苦辣、悲欢离合。很多人，在灾难来临的时候，手忙脚乱，惊慌失措，不知该如何应对。在他们所受的教育里面，有如何享受、如何快乐、如何成功，却没有如何走出困境。人的辛酸历程里面，失败总比成功多，坎坷总比机遇多，我们最应该进修的课程，不是在成功时如何庆祝，而是为未来不如意之事做好准备。

库雷曾说："许多人的失败都可以归咎于缺乏百折不挠、永不放弃的战斗精神。"的确，我们发现，一些人或满腹经纶，或能力超群，但他们却拥有一个致命的弱点，那就是缺乏一种抗打击的能力，往往一遇到微不足道的困难与阻力，就立刻裹足不前，没有韧性，遇硬就回，遇难就退，遇险就逃。因此，终其一生，他们只能从事一些平庸的工作。一个人跌倒并不可怕，可怕的是跌倒之后爬不起来，尤其是在多次跌倒以后失去继续前进的信心和勇气。不管经历多少不幸和挫折，内心依然要火热、镇定和自信，以屡败屡战和永不放弃的精神去对付挫折与困境。那么，你就会不断强大起来。

生活中的你，在追求梦想的过程中，可能也会遇到困难，可能你也会选择放弃，但是，请想一下，如果选择放弃，向所谓的命运妥协，那么，你就真的彻底失败了；如果你选择另外一种心态，只要你继续思考，那么，你就有可能绝处逢生。

然而，失败平庸者多，主要是心态有问题。遇到困难，他们总是挑选容易的倒退之路。“我不行了，我还是退缩吧。”结果陷入失败的深渊。成功者遇到困难能心平气和，并告诉自己：“我要！我能！”“一定有办法。”

当然，要突破困境，绝对不能消极等待，而要在等待中积极寻找突破口，创造条件去克服困难，从而实现从“山重水复疑无路”到“柳暗花明又一村”。

事实上，人们驾驭生活的能力是从困境生活中磨砺出来的。和世间任何事物一样，苦难也具有两重性。一方面它是障碍，要排除它必须花费更多的力量和时间；另一方面它又是一种肥料，在解决它的过程中能够使人更好地锻炼提高。

德意志民族在第二次世界大战中惨败了，但他们依旧有关于美好生活的幻想，依旧对明天充满希望，所以，他们凭借坚强的意志，重新站起来了；海伦·凯勒的人生似乎从出生就注定是一个悲剧，不过从有意识的那天起，她就知道自己是与众不同的，知道自己必须加倍努力才能活得精彩，所以，她凭借不屈的精神，成了全世界人民的楷模……

世间的事，瞬息万变，谁也不能预测明天会是怎样一番景致。我们不愿意遭遇不幸，可如果这是命中注定的事，我们就避无可避。困难并不可怕，可怕的是你没有战胜困难的能力，可怕的是你对即将发生的事情没有任何的心理准备，以至于悲剧发生之后，你不能力挽狂澜，而是让事态的发展越来越恶化。

第12章

喜欢每天都努力一点点的自己

现实生活中，我们每个人都有自己的理想，并渴望成功，而最终能成功的人只不过是极少数，大多数人只能与成功无缘，他们不能成功是因为他们往往空有大志却不肯低下头、弯下腰，不肯静下心来努力学习、从身边的本职工作开始积聚自己的力量。要知道，只有一步一个脚印，踏实、不浮躁地工作、学习，每天都在进步，才是奠定成功的基础。

你的蜕变来自一点一滴的积累

俗话说：“台上一分钟，台下十年功。”有可能在台上表演的时间往往只有短短的1分钟，但为了台上这1分钟的表演，许多人却要为此付出10年的艰辛努力，甚至需要付出更长时间的努力。

同样，在这个世界，没有任何一个人能随随便便成功，因为罗马城也不是一天就建成的，蜕变来自长时间的积累，一步登天的奇迹，以及一蹴而就的成功，那也是经历了上百次的尝试，才铸就了这样短暂的光辉。

做每件事就好像建城一样，你要想把它建成、建好，你就必须付出超人的代价和心血。我们应该记住，通往成功的道路从来都不会是一条风和日丽的坦途，人生必须渡过逆流才能走向更高的层次，最重要的是在这个过程中学会忍耐，蓄积待发，最终一举成功。

生活中，我们几乎都被长辈告诫过：“别想一下就造出大海，必须先由小河川开始。”世界上没有一步登天的奇迹。所以我们必须恪守 “脚踏实地”的原则，做任何事情都要循序渐进。如果想获得成功，就必须从一件小事做起，哪怕是一件微不足道的小事。

康纳利是奥运史上的第一个世界冠军。他曾于1895年被哈佛大学录取，而在学校的时候，他已经是当时全美三级跳远冠军。

那一届的奥运会在雅典举行，康纳利听说后准备向学校请8周假去参加奥运会，但学校拒绝了他的请求，然而，康纳利坚持自己的决定，他想一试身手，于是，他毅然离开哈佛，争取到参加奥运会的资格，成为美国代表团11个成员之一。

同行的参赛队员都是免费参加比赛的，但康纳利是个贫穷的学生，他哪有这样的待遇，他这次参赛是在一家很小的体育协会的赞助下进行的，由于资金紧张，他花掉了自己仅有的700美元的积蓄，才登上德国德福达号货船。

然而，就在出发前的两天，他的后背突然受伤了，他差点绝望，但庆幸的是，从纽约到那不勒斯的航行过程中，他的伤竟然痊愈了。但刚刚下船，康纳利的钱包又被偷走了，这还不算是最糟糕的，由于时差关系，希腊和西方的日历不同，他们在到达的第二天就需要进行比赛，本来他们以为比赛会在12天之后举行。更糟糕的是，康纳利从小所练习的是单足跳、跨步、起跳，而奥运会三级跳远项目的起跳要求是单足跳、单足跳、起跳。

1896年4月6日下午，三级跳远比赛开始了。在别的运动员跳完之后，康纳利最后一个出场。他走到沙坑前面，把自己的帽子扔到了一个别的运动员跳不到的位置上，大声叫喊着：“我要跳到帽子那里去！”他在跑道上加速，按照新的规则，先两个单足跳，然后起跳，最后落在比他的帽子更远的地方，跳出了13.71米的好成绩，成为现代奥运会上的第一个冠军。后来，康纳利与哈佛大学达成和解，并获得博士学位。

或许，我们所了解的关于这一届奥运会的信息是“1896年4月6日，来自美国哈佛大学的大学生詹姆斯·康纳利成为奥运史上的第一个世界冠军”。这是个成功的信息，但我们却不了解其背后付出的努力，且不说康纳利去参加比赛之前所遇到的糟糕情况，我们只说康纳利从小就开始练习跳远，但直到上了大学之后，才有幸参加奥运会，因此才展露了自己的才华，这其中忍耐的时间有多长呢，但康纳利都忍受了过来，并且一直没有放弃，最终修建了属于自己的罗马城。

生活中，做任何事情都需要一个过程，一点点累积，就足以凝聚成一股巨大的力量。如果你放松了平日的努力，只靠临时抱佛脚，那将注定是失败。有时候，在平日不断努力却没有得到回报的人们，心里总是抱怨：为什么上帝不公平呢？其实，上帝给予我们的都是公平的，如果你还没有得到回报，那只是因为还没到时机，因为时间就是最好的见证者，它见证了你一点点的努力，最后，它也将见证你最终的成功。

不断充电，每天进步一点点

我们每个人都知道一个道理，人生的路上，我们可以拒绝很多事，但是无法拒绝成长，成长是伴随我们一生的。因此，我们若想尽快地成长，就要不断地为自己充电，这正如哲人所说，即使是身体技能开始衰竭的时候，对大脑的投资也不应停止。

有人说，我们的生活就像一辆不断提速的火车，飞快地向前行驶，而根据牛顿经典力学第一定律的原理，坐在车中的我们，如果不同步提高自己的速度，在某个大转弯处，就会在惯性的作用下狠狠向后退，甚至被甩下。当你被甩下之后，你才会发现自己的知识结构已经跟不上时代的发展，那时再想弥补，但迫于生活的压力，困难将比现在逐渐给自己充电大得多。

因此，我们要相信，一个人无论是在顺境还是在逆境中，不断地自我完善和充电都是一个能够给生活、事业打开新局面的绝佳方法。行动起来吧，还等什么，每当你多学会一样技能、多提高一种能力，就朝成功的金字塔更上了一步。

本田宗一郎曾经是一名自行车修理工。因为对生命充满热情，也相信自己只要努力就能获得成功，他在这份平凡而又普通的工作中投入了极大的热情，最终凭借实力拥有了自己的自行车修理店。在此之后的半年时间里，他的修理店生意越来越红火，但是他仍然不满足，而是努力学习修理摩托车。

毫无疑问，摩托车的构造和自行车相比更加复杂，但是这并没有难倒本田宗一郎，反而给了他极大的激励。他一边经营自行车修理店，一边利用工作之余的闲暇时间刻苦钻研摩托车。在摩托车大赛中，他以自己亲手改装的摩托车赢得了比赛，也从此得到更多的关注。然而，他还是觉得自己需要充电，为此他特意去了汽车专科学校学习，当了一名只要知识不要学位的旁听生。学习结束后，他觉得时机已经成熟，因而水到渠成地成立了东海精机公司。即便他已经在人生的路上走了很远，但是他依然求知若渴，非但没有自我满足，反而怀着更加谦虚的心态不断学习。在去欧美考察时，他花费重金买下了所有款式先进的摩托车，并且将它们带回日本仔细研究。两年多时间过去，由东海精机公司改名而成的本田技研株式会社生产出比世界知名摩托车更好的摩托车，由此打出了自己的品牌。后来，本田宗一郎更是进军汽车产业，在历经千辛万苦之后于1936年研制出第一部本田汽车。从此之后，本田汽车经过多年发展，成为世界知名品牌，足以媲美福特等世界名牌汽车。

从修理自行车，到修理摩托车，再到学习汽车、生产汽车，本田宗一郎的人生无疑颇具传奇色彩。他之所以能够创造业界传奇，也实现了人生的辉煌，就是因为他始终怀着空杯心态，努力学习，也相信只要自己坚定不移地付出努力，就一定能够获得成功。和那些名牌大学毕业的技工相比，本田宗一郎只是一个名不见经传的修理工，他之所以能够最终拥有让世人瞩目的成就，就是因为他勤奋好学、不懈努力的精神，也因为他必胜的信念。

然而，很多已经步入社会的人，觉得自己上学的时候没有好好读书，现在后悔不已，然而毕竟已经踏入社会，每天要忙于工作和养活自己，虽然知道应该及时充电，却总是以种种借口搪塞自己，或依旧在是否要报名充电的路上徘徊。

也许有很多人会说自己没有时间学习，其实学习的方式有很多，诸如坐在学校里的课堂上是学习、三人行必有我师是学习，甚至向他人请教或者积累工作经验都是不同形式的学习。只要有心，我们一定能够在生活和工作中找到很多学习的机会，也能够毫不间断地提升自己。

小张和小李在同一个部门工作，他们差不多同一时间进入公司，在工作上的表现也都不错。因而，到底年底评选优秀员工时，他们都得到了提名。小张是名牌大学毕业的，原本他觉得自己胜券在握，一定能击败小李，成功当选优秀员工。然而，最终的评选结果出来之后，小张却大吃一惊。小李的得票居然比他高出了十几票。要知道，这可是很大的差距啊。思来想去，小张决定认真观察小李的表现。

经过一段时间的观察，小张发现小李虽然在表面上与他相差无几，但是却一直都在努力提升自己。小李自知文凭不过硬，因而特意在外面报班参加会计师考试。而且，每天早晨小李都会提前到公司，给办公室的花花草草浇水。有的时候，其他同事有紧急的事情需要人力支援的，小李宁愿放下自己的工作晚上加班，也会主动帮助同事解决问题。就这样，小李的人缘越来越好。虽然小张的学历占优势，工作上的表现也与小李不相上下，但是有相当多的票都掌握在同事手里，有决定权的是他们。想到这里，小张暗暗下决心：小李，我一定要比你更努力。

同样起跑线上的人，为何有人远远朝前，有人却落后不前呢？在职场上，要想取得成功，只有过硬的专业知识是不够的，我们还要更加努力，经营好人际关系。而且，现代社会知识更新的速度很快，仅靠大学里学的那些知识不足以促进自己的发展，还必须随时充电，每天保持进步。

总之，身处新时代的人们，必须居安思危、时刻学习，充实自己的头脑，人们常觉得准备的阶段是在浪费时间，只有当真正机会来临，而自己没有能力把握的时候，才能觉悟自己平时没有努力才是浪费了时间。

学无止境，任何时候别放弃学习

日语班里来了一位老者。“您是给孩子报名的吗？”

登记员问他。老人回答说："不，我自己。"登记员愕然。老人解释说："儿子在日本找了个媳妇，他们每次回来，说话叽里咕噜，我听着着急。我想同他们交流。""您今年高寿？""68。""您想听懂他们的话，最少要学两年。可两年后您都70了！"老人笑吟吟地反问："姑娘，你以为我如果不学，两年后就66了吗？"

老人的回答很有哲理，也体现了他的智慧，学习是希望的源头，其实不只是学日语，对于很多知识和经验的学习也是如此，不少人总认为太晚，就因此放弃。殊不知，只要开始，就永远不晚。无论是二十几岁的年轻人抑或晚年迟暮的老人，都是按照岁月的年轮在前行，然而不同的是，有人主动站起来朝着自己的目标走，而有些人只是木然地躺着，全然不知自己想要怎样的人生。这就是有人年纪轻轻就获得人生的大丰收，有人努力一辈子却依然是空白的原因：不主动学习，就会被淘汰。

赫伯特·查尔斯·布朗1912年出生在伦敦一个手工制造金饰品的犹太家庭，他父亲为了躲避战乱，把家迁到了美国的芝加哥，并在那里经营一家小五金店，日子过得不算富裕。

布朗的父亲从孩子很小的时候就按犹太民族的方式教育孩子长志气、努力上进……后来，又倾其所有供他上学。小布朗十分用功，放学后还坚持学习，家里没有电灯，他就到路灯下学习。下雨的时候，就打着伞在路灯下学习。他的学习成绩进步得很快。布朗14岁的时候，父亲去世了，他不得不退学来经营五金店，可是他一直坚持自学。母亲知道他想学习，于是就在他17岁的时候，让他去读了高中，虽然他已经3年没有上学，可是他依然凭借自己的勤奋以优异的成绩考上了赖特初级学院。

在大学期间，他对化学产生了浓厚的学习兴趣，教授十分看好他，并一直指导他学习，还建议他去芝加哥大学学习。对于一个穷孩子来说，这是一件十分困难的事。因为他需要一边打工一边读书，只有靠奖学金才可以上学。后来，他果真靠奖学金进入芝加哥大学化学系。布朗进入芝加哥大学以后依然十分勤奋，仅用了9个月的时间就完成了大学4年的全部课程。大学毕业后，由于他的勤奋刻苦，他成了著名化学家斯蒂格利茨的助手。他一边工作，一边读研究生，仅用一年时间就获得了硕士学位，又在第二年得到了博士学位。后来，凭借自己的勤奋，他在有机硼方面做出了独特贡献，1979年，他获得了诺贝尔化学奖。

人必须不断地学习才能在某方面获得成功，布朗就是凭借自己的勤奋才取得了如此骄人的成绩。

一个人无论天生再怎么聪明，如果不注重后天的学习，天分终究会在某天消失。而一个人无论天生再怎么普通，只要有勤奋的精神和毅力，将来也会获得骄人的成就。

“活到老，学到老”，这句话对于现代社会人而言是必须有的意念。无论是拿出业余时间去深造，还是在工作中不断学习，我们都应该展开思索与行动，为自己量身打造一个充电计划，为此，你需要认识和做到以下几点：

1.多考虑自己的现在和未来，认识到学习的重要性

实际上，任何一个人都知道学习的重要性，但这些往往是泛泛之谈，并不能起到任何实质性的作用。一旦将这一想法与自身情况相结合，如根据自己的兴趣树立人生目标和理想，这一想法就具备了可实施性。

2.树立不断学习的理念

学海无涯，知识是没有尽头的，同时，现今社会知识更新速度之快更要求你具备不断学习的理念和行动。

3.付诸行动，坚持每天学习

任何知识的学习都需要持之以恒地坚持才能收到效果，也只有这样，才能不断拓展自己在该领域的认知度和专业度。

4.常自省

你是否因为周围人的升迁、财富的获得而触动？你是否为了赶超他们而采取过措施？你是否想一夜暴富？如果有这样的想法，那么，你最好停下脚步，告诫自己，不要迷失人生的方向。那么，你定能潇洒地看待人生。

每天努力养成这些好习惯

生活中，成功者之所以能成功，是因为他们身上有个共同的特质——努力提升自己，使自己成为一个优秀的人，他们在日常的学习、工作和生活中就努力养成好习惯。有位名人曾经说过："播种行为，收获习惯；播种习惯，收获性格；播种性格，收获命运。"的确，好习惯是走向成功的钥匙，而坏习惯则是通向失败的大门。

然而，任何一个习惯一旦养成，它就是自动化的，如果你不去做反而会感觉很难受，只有做了才会感觉很舒服。因此，关于好习惯的培养，你不妨给自己订一个计划，然后用日程本记下自己执行计划的过程。那么，21天后，你将养成好习惯。坚持21天，你就会成功。坚持21天，就能改变你的意识、影响你的行为，为你带来超乎想象的成功。你又何乐而不为呢？

那么，我们该养成哪些好习惯呢？

1.变懒惰为勤奋

在人生的征途中，勤奋是成功的必要条件之一，与此相对应的懒惰自然就成为成功的大敌。懒惰带来的"自我击败感"常常导致抑郁、消沉、烦恼、妄自菲薄等种种不良的情绪，它可以使人斗志涣散、精神沮丧，使人感到沉重的精神压力。因此，如果你是个懒惰的人，你不妨做出以下改变：不要天天叫外卖，学做几道小菜，闲暇时做给自己吃；每天整理干净再出门，不要给人邋里邋遢的感觉；工作中，变主动为被动，积极起来；每天坚持学习……

2.每日读书

多读书最大的好处是增长知识、陶冶性情、修身养性，坚持不懈地读书学习，便会懂得人生的真谛， 充满对美好生活和光明未来的热爱与想往； 就会树立自己的理想和奋斗的目标，因而就会有终生不衰的前进动力，更会使自己的精神世界得到充实、思想境界得到提高、道德情操得到陶冶。

3.坚持运动

身体是革命的本钱，运动也要养成一种习惯。当然，这需要你的坚持。坚持下去，你会发现，运动让你充满活力。

4.保持乐观

乐观是一种后天技巧，学习乐观有很多种方法。你注意过自己的走路姿态吗？你是抬头走路，还是低头走路呢？很多人都是迈着缓慢的小碎步低头走路的。这样的人大部分很悲观。要改变自己，从改变走路姿势开始。

首先，要纠正自己的身体，昂首挺胸，大步快速地走路。

其次，改变自己的语调，让声音欢快、充满能量。

最后，多用快乐的字眼，如用“挑战”代替“问题”，遇到“损失” 的时候，想想这也许是个“机会” 。积极的想法和行为都会对大脑产生积极的影响，发出快乐的信号。不过要到上述改变，要耐心一些，也许要4~6周的时间才会见效。

5.尝试新事物

可以学种乐器，学打网球，学习滑雪……尝试一下吧。如果其中的一种让你感到快乐，那就再试试别的。因为，经历丰富的人更容易保持积极的心态。积极情绪和消极情绪的最佳比例是3∶1，如果达到1∶1的话，很可能导致焦虑和抑郁。

6.学会倾诉

无论好事还是坏事，谈论一下总能让人快乐，即使是在电话里。倾诉的过程可以影响人的记忆，也就是说，倾诉一段不好的经历，可以让这段不愉快的回忆更快消失。如果有很多不同的倾听者，这种方法最奏效，也就是说，对不同的人重复倾诉会让你忘记烦恼，快乐起来。

7.展现笑脸

微笑吧，笑一下不会伤害你，微笑会让你更快乐。无论遭遇到什么事情，如果笑一下，感觉会好得多。微笑，让机会出现在你的身边。

8.经常喝水

我们每个人都应该认识到喝水的重要性，特别是在早晨醒来之后喝上一杯水不仅可以帮你醒肤，还可以滋润肠道，有助于一天的排泄。勤喝水有助于新陈代谢，帮助排除体内积累的毒素。洗澡前也不要忘记喝上一杯水，可以补充洗澡过程中流失的水分。

当然，任何习惯的改变和形成都是艰难的，但只要我们经历一段时间，一旦习惯形成后，它就会成为一种自动化的、下意识的行为反应。举个很简单的例子，每天早上出门前，我们都需要穿鞋，穿鞋时，你的习惯不是先穿右脚就是先穿左脚。在系鞋带时，你的习惯要么是把右手的鞋带从左手的鞋背后绕过来，要么就是反着绕。那么，明天早晨，你不妨反过来做，在穿鞋前，你先想好今天该怎么做，然后，你会有意识地进行改变，21天后，新的系鞋带的习惯就形成了。

你可以以系鞋带为出发点，每天早上，你可以提醒自己：在这一整天里都要改变习惯性思考、感觉与行为；在系鞋带时对自己说："今天我以一种新的、更好的方式开始。"然后，一整天内都有意识地下这样的决心。

当然，改变是艰难的。因为那些已经形成习惯的行为是我们所熟悉的思想和感情引发的，要改变它们，我们会本能地加以抗拒，尽管我们也承认自己身上的那些习惯是有害的。因此，它必须是一个渐进的过程。如果我们试图在一夜之间变得成功，我们只会再一次面临失败。那么，给自己21天的时间吧，坚持21天，你会发现，你已经成功改造那些阻碍你成功的习惯。

珍惜时间，充分利用每一分钟

时间对于我们每个人的重要性早已毋庸置疑，无论是个人还是企业，“效率就是金钱”，绝对不是一句空话。自古至今，要想成功，就必须惜时。实际上，只要我们能充分利用好时间，不浪费每一分钟，那么，你必当成才。有些人只是利用好了几年，有些人只重视年轻时代，而成功者则尽量利用好每一天，甚至利用好每一分钟乃至每一秒钟。他们很少有浪费时间的行为，他们的成功实质上就是时间利用上的成功。

日本女作家吉本芭娜娜出版了40本小说和近30本随笔集，《鲤》杂志曾采访过她：“许多女人生了小孩之后就没有闲暇时间了，您现在有了孩子，是如何抽出时间来写作呢？”吉本芭娜娜说：“确实没什么时间，但是我一直在拼命。为了争取多一点的写作时间，每天我都在与时间赛跑，最夸张的时候，你能想象吗？我几乎是站着吃饭。”估计许多人看到这里会感到羞愧吧，比起吉本芭娜娜，许多人总是感慨自己时间不够、事情做不完，却从来不去利用那些零碎的时间。

生活中，我们每个人对于自己的未来都有很多规划，但当他们未能完成规划时总向别人推诿：“我最近没忙，根本没有时间。”迟迟不见有行为，但是如果你想有所获得、有所成就，做哪一件事不会耗费时间呢？某些优秀的人，举手投足优雅，且写得一手好字，当你在羡慕对方的时候，是否想起对方为了培养仪态、练字一个人度过了多少沉默时光呢？忙和没时间是最烂的借口，因为每个人的时间都是公平的，之所以会抱怨没时间，不过是因为你在其他事情上浪费了时间。

财经作家吴晓波说："每一件与众不同的绝世好东西，其实都是以无比寂寞的勤奋为前提的，要么是血，要么是汗，要么是大把大把的曼妙青春好时光。"如果你每天都付出自己的努力，那早晚会从量变到质变，你现在走的每一个脚印，都会成为将来实现人生飞跃的跳板。我们不少人总会订下许多计划，看书、运动、旅行等，不过常常因没有时间而不得不放弃。难道你的生活真的有那么忙吗？真相到底如何心知肚明，别总以忙和没时间为借口，那不过是在为自己的懒惰找理由而已。你若坚持努力，一定会发光，因为时间是所向披靡的武器，聚沙成塔，将人生一切的不可能都变成可能。

小王是一名企业员工，他在18岁那年高考失利后就进入现在这家公司。

这家公司人才济济，但因为小王只是高中学历，所以他只能从事最简单的产品装配的工作，但他不甘心，于是，利用上班之余的时间，他拿起了书本，自学了很多与该产品有关的知识，并自考了一些其他课程。

转眼，小王已经工作5年。这家企业每5年会举办一场大型的青年知识大奖赛，参加比赛的人多半是一些高学历的人，但小王还是报名了。他的参赛作品是公司生产部门的机器流程改造图。公司高层一见到这幅图就惊呆了，一个生产流水线上的工人怎么可能制作出如此让人惊叹的图。于是，他们找来小王，就图纸进行了一番理论讨论，他的说明，让在座的领导们瞠目结舌。“我看你的简历，你只不过是个高中毕业生啊，怎么会……”

“是这样的……”

听完小王的叙述，众领导一致表示：“单位的员工要是都有你这样的学习精神，该有多好。”

很快，小王收到通知，他被升为技术主管，负责他所提出的这一项目的改造工程。

这则职场故事中，我们见证了一个普通员工的升迁过程。员工小王之所以会被领导赏识，在众人中脱颖而出，就在于他能利用空余的时间不断学习、不断完善自己的知识结构，充实了原本知识不足的自己。

总之，我们任何人，都应该把握好每一分每一秒的时间，那么，现在，就勇敢地迈出第一步吧。为此，你需要记住：

1.克服懒惰，选择行动

一个人之所以懒惰，并不是能力的不足和信心的缺失，而是平时养成了马虎大意、马虎拖延的习惯，以及对事情敷衍塞责的态度。

要珍惜时间，首先就要改变态度，必须改变态度，以诚实的态度付出积极和扎实的努力。只有这样，才能真正将每一件事做好。

2.强迫执行，勤奋起来

良好习惯形成的过程，是严格训练、反复强化的结果。我国著名教育家叶圣陶先生也认为，要养成某种好习惯，要随时随地加以注意，身体力行、躬行实践，才能“习惯成自然”，收到相当的效果。我们在改变拖延习惯的过程中，也一定要严格要求自己，绝不允许自己有怠惰的行为。

有人说，人的心理很微妙，一旦知道时间很充足，注意力就会下降，效率也随之降低；一旦知道必须在单位时间内完成某事，就会自觉努力，从而效率大大提高。如果坚持每天读10页文章，哪怕坚持读1页，1年就是365页，10年即3650页；但是如果你每天落后别人半步，1年后就是183步，10年后即1830步啊！可以说，人的潜力是很大，善于利用零零碎碎的时间，通常不会影响心身健康，但却可以有效地提高做事效率，何乐而不为呢？

参考文献

[1]钟震玲.不设限的人生无极限[M].北京：北京联合出版公司，2012.

[2]特立独行的猫.你自以为的极限，只是别人的起点[M].武汉：武汉出版社，2017.

[3]慰冰湖.别给想法设限[M].北京：中国华侨出版社，2014.

[4]力克·胡哲.人生不设限[M].彭蕙仙，译.武汉：湖北教育出版社，2015.

[5]兰涛.别给人生设限[M].北京：中国华侨出版社，2012.